中国科学院宁波工业技术研究院(筹)科技协同创新丛书

功能化材料及其环境应用

吴爱国　张玉杰　著

科学出版社

北　京

内 容 简 介

本书是中国科学院宁波材料技术与工程研究所针对水环境及食品中污染物的快速检测与回收治理，汇总多年来国内外相关科技论文撰写而成的，主要分为两部分：一是快速比色检测；二是吸附与治理。在快速比色检测方面，根据水溶液中重金属离子、无机阴离子、农药残留及食品中有机小分子的危害和现有检测方法的缺陷，介绍了比色检测法的基本原理及优势，系统阐述了这些目标物比色检测法的设计原理、性能及实际应用情况；在吸附与治理方面，针对水溶液中重金属离子、盐湖阴离子、原油及有机染料，详细介绍了各类吸附剂的制备、性能及实际应用研究进展。

本书可供环境化学、分析化学、纳米材料与技术、食品安全、材料物理与化学等专业领域的研究人员、工程师以及高等学校相关专业研究生阅读参考。

图书在版编目（CIP）数据

功能化材料及其环境应用 / 吴爱国，张玉杰著. —北京：科学出版社，2019.4

(中国科学院宁波工业技术研究院(筹)科技协同创新丛书)

ISBN 978-7-03-060222-0

Ⅰ. ①功… Ⅱ. ①吴… ②张… Ⅲ. ①功能材料-研究 Ⅳ. ①TB34

中国版本图书馆 CIP 数据核字（2018）第 292283 号

责任编辑：裴 育 朱英彪 纪四稳 / 责任校对：张小霞
责任印制：赵 博 / 封面设计：蓝 正

科学出版社出版
北京东黄城根北街 16 号
邮政编码：100717
http://www.sciencep.com

北京华宇信诺印刷有限公司印刷
科学出版社发行 各地新华书店经销

*

2019 年 4 月第 一 版 开本：720 × 1000 1/16
2025 年 1 月第三次印刷 印张：11 1/2
字数：232 000

定价：120.00 元
(如有印装质量问题，我社负责调换)

中国科学院宁波工业技术研究院（筹）
科技协同创新丛书

主　　编：　黄政仁
执行主编：　何天白
编　　委：　朱　锦　　杨桂林　　陈　亮　　吴爱国

序　　言

随着国民经济的飞速发展、大众生活水平的不断提高，人们对优良的生活环境、安全的食品及饮用水等提出了更高的愿望和要求。然而，水环境与食品中各类污染物危害国民健康的事件仍频繁发生。完善和提高水污染相关的检测技术与水平，是防控水污染的重要保障。在食品安全方面，一些客观条件的不足，如负责检验食品安全的检验室建制数量有限、实验条件不足、检验成本较高、检验周期较长等，使得食品安全监管缺失，导致食品安全事件时有发生。对食品开展快速检测、提前预警，可以弥补上述客观条件的不足，从而降低食物中毒发生的概率，使食品安全得到全方位的保障。开展快速检测的另一个重要意义是当食物及饮用水中毒发生后，能够快速筛查出中毒因子，为患者抢救赢得宝贵的时间，为进一步检测提供参考依据。提升水环境与食品中各类污染物的检测水平，是保障国民健康、安全的关键要素之一，也是亟待解决的重要课题。

自 2003 年以来，纳米技术在快速检测领域得到了广泛应用与迅速发展。与现有的国家标准方法或仪器法相比，现场快速检测方法具有操作简单、快速及无需大型仪器设备等优点，已被广泛用于分析检测阴离子、重金属离子、细胞、蛋白质、DNA、小分子等方面。

水环境污染的防治，不仅要求实现快速的现场检测，还需发展简单、高效的处理方法，用来净化水体中的重金属离子、有机染料及原油泄漏等。在众多水处理方法中，吸附法由于具有操作简单、处理效率高、吸附剂可循环使用等优点，受到研究人员的广泛关注。此外，盐湖资源是一种宝贵的无机盐资源，是矿产资源的重要组成部分。盐湖中含有丰富的高值元素，具有较大的开发利用价值。具有优异性能的吸附剂的设计与开发，可以为实现盐湖高值元素的回收与利用提供良好的技术支撑，对推进我国盐湖资源的综合高效利用与增值，提升盐湖卤水的经济价值具有重要的实际意义。

《功能化材料及其环境应用》一书集成了作者所在课题组在快速比色检测及吸附回收方面多年的研究成果，以及对国际前沿研究的解析与展望等重要信息。相信该书的出版，对于从事相关材料研发与技术开发的科研工作者、工程技术人员以及对此感兴趣的高校学生等有重要的参考价值。

中国科学院院士

2018 年 9 月

前　　言

　　2009 年 6 月，作者吴爱国以"团队行动"加入中国科学院宁波材料技术与工程研究所，开始从事纳米材料在环境科学等方面的基础与应用研究。经过多年的努力，已形成课题组自己的研究特色，取得了一系列研究成果。在许多领导和学界同仁的鼓励和支持下，作者决定撰写一本有关环境污染物检测与回收治理的书籍，对多年来的工作做一个阶段性的总结。

　　本书共 7 章。第 1 章介绍重金属离子的危害及比色检测法的基本原理，并根据检测机理分类，针对汞、铅、铬、铜、锰、镉等 9 种重金属离子，详细介绍相关比色检测法的研究进展。第 2 章介绍阴离子在生命体中的重要作用，根据不同主族分类，针对 NO_2^-、PPi、S^{2-}、F^-、CN^-、SCN^- 等 9 种无机阴离子，详细介绍相关比色检测法的研究进展。第 3 章介绍有机小分子常规检测方法的缺陷，根据检测机理分类，针对食品及生物体内的有机小分子，如三聚氰胺、多巴胺、对苯二胺、葡萄糖、氨基酸和生物毒素等，介绍相关比色检测法的研究进展。第 4 章介绍农药的分类和农药残留的危害，根据纳米材料表面修饰剂的不同，分别介绍相关比色检测法检测农药残留的研究进展。第 5 章详细介绍不同类型的重金属离子吸附剂的制备与性能及其应用研究情况。第 6 章介绍硼和碘的性质、应用及危害，分别针对硼和碘详细阐述相关吸附剂的制备与性能及其应用研究情况。第 7 章针对染料和油污染的危害，分别介绍相关吸附剂的制备与性能，同时介绍既能实现油水分离又能吸附染料的吸附剂。

　　感谢各级各类人才政策的支持，如中国科学院"百人计划"、浙江省"千人计划"、宁波市"3315 计划"、宁波市引进国外技术和管理专家项目和中国科学院宁波工业技术研究院人才引进与培养计划等。

　　感谢各级各类科研项目的支持，如国家重点研发计划项目、国家自然科学基金联合基金项目和青年科学基金项目，中国科学院重点部署项目及科技服务网络项目，浙江省杰出青年科学基金项目和自然科学基金一般项目，宁波市科技创新团队计划、重大科技专项和国际合作项目，宁波市自然科学基金项目等。

　　本书的撰写得到了汪尔康院士及何天白研究员的关心和鼓励，他们仔细审阅了全书，汪尔康院士还为本书作序，在此向他们表示衷心的感谢。作者课题组已毕业和在读的研究生苗利静、董晨、黄运龙、周庄伟、金鹏翔、孙犁、汪竹青为本书的出版做了大量的工作，在此一并致谢。本书还引用了参考文献中的图片，在此向有关文献作者表示衷心的感谢。

　　由于作者水平有限，难免存在不妥和疏漏之处，还望读者斧正。

目　　录

第1章　比色检测法检测重金属离子

1.1　引　言

在水环境污染中，重金属污染与有机物或生物污染不同，它很难被消除且可通过自然界生物的富集作用在生物体内累积，对长期处于重金属污染环境中生物体的健康造成严重的危害。实现对污染水体中重金属离子的现场、快速、实时检测，对污染水体的及时治理及自然生态的安全保证具有重要意义。

目前，比较成熟且常用的重金属离子检测方法包括原子吸收光谱法[1-3]、电感耦合等离子体原子发射光谱法[4-7]及电感耦合等离子体质谱法[8-10]等。这些方法用于重金属离子检测时准确度及灵敏度高、检测限优异，但也存在一些缺陷，如仪器价格昂贵、操作复杂，不能实时、实地对待测样品进行检测等。此外，重金属离子检测应用较多的是电化学分析法[11,12]，如极谱法、伏安法和离子选择性电极法等，但电化学分析法的最大缺点是可重复利用率低。

纳米材料具有表面与界面效应[13]、量子尺寸效应[14]、小尺寸效应[15]和宏观量子隧道效应[16]等独特性能，这为重金属离子等快速检测带来希望。其中，贵金属纳米材料具有独特的物理化学特性，如表面等离子体共振(surface plasmon resonance, SPR)特性、电化学特性、较高的消光系数以及超分子与分子识别特性、良好的生物相容性等，且其制备过程简单，是现有纳米材料中应用和研究最多的材料之一，目前已在诸多领域如传感器、表面电化学分析、免疫分析、药物传递和治疗等方面显示出广泛的应用前景[17,18]。

1.1.1　重金属离子的危害

重金属一般指密度大于 $4.5g/cm^3$ 的金属，约有 45 种，如铜、铅、锌、铁、钴、镍、锰、镉、汞、钨、钼、金及银等。尽管锰、铜、锌等重金属是生命活动所必需的微量元素，但是大部分重金属如汞、铅、镉等并非生命活动所必需，且所有重金属超过一定浓度均会对人体产生毒害作用。

随着我国工业的迅速发展，大量含重金属的污染物进入水体，对我国水环境造成了严重的污染，矿冶、机械制造、化工、电子、仪表等行业的含重金属废水(含有铬、镉、铜、汞、镍、锌等重金属离子)是主要污染源。水体中的重金属难以被普通饮用水厂的水处理法去除，只能转移它们的存在位置或转变它们的物理、化学状态。此外，如果用含有重金属的污泥或废水灌溉农田，那么土壤就会受到污染，造成农作物及水生生物体内重金属的富集，通过食物链最终对人体造成危害。下面以汞、锰、铜、铅和镉为例进行介绍。

(1) 汞，人体生命活动非必需元素。汞在污染水体中主要以 Hg^{2+} 及甲基汞等形式存在，早在 1953 年出现于日本并震惊世界的"水俣病"正是由汞污染所引起的。当人体摄入过量的 Hg^{2+} 时，神经系统会受到严重损伤，导致运动失调、头痛头晕，并且会对肝脏和肾脏等造成严重损伤[19,20]。汞污染主要来源于电池、氯碱、电子和塑料等企业废水的排放及某些废旧医疗器械的不规范处理等[21]。

(2) 锰，人体生命活动所必需的微量元素之一。日常生活中人们主要通过饮用水及食物接触锰，一般情况下造成严重摄入过量的现象较少。但在矿山、冶炼厂以及涉及锰及其化合物的生产、使用等有关单位中，锰中毒现象较为普遍。人体摄入过量的锰时，会抑制三磷酸腺苷(ATP)的合成，使细胞代谢受阻，导致神经细胞病变，出现类似帕金森综合征等症状；此外，还会出现恶心、呕吐、头昏头痛等症状。

(3) 铜，人体生命活动所必需的微量元素之一[22]。一般情况下，人们通过食物及饮用水摄入铜(主要以 Cu^{2+} 形式存在)，当铜的摄入量超出一定范围时会危害人体健康。铜中毒的临床表现为上腹痛、恶心、呕吐、腹泻及呕血等[23]。人为活动引起的铜水体污染主要来源于冶炼、金属加工、机械制造、电镀厂等工业废水的不规范排放[24]。

(4) 铅，人体生命活动非必需元素，无法降解，一旦进入环境，很长时间仍然保持其较强的毒性，因此铅一直被列入强污染物范围。铅的工业污染来自矿山开采、冶炼、橡胶生产、染料、印刷、陶瓷、铅玻璃、焊锡、电缆及铅管等行业排放的废水和废弃物。此外，汽车尾气中的四乙基铅是一种剧毒物质，也是铅污染的重要来源之一。当水体受到铅污染时，水的自净能力受到明显抑制，当铅含量达到 2~4mg/L 时，水即呈浑浊状。当人体摄入铅及其化合物后，这些铅主要储存在骨骼内，部分取代磷酸钙中的钙，不易排出。铅中毒较深会使神经系统受损，严重时会引起铅毒性脑病，多见于四乙基铅中毒。

(5) 镉，人体生命活动非必需元素。镉主要通过食物、水和空气进入体内并蓄积下来。镉中毒有急性和慢性之分，吸入含镉气体可致呼吸道急性中毒症状，经口摄入镉可致肝、肾出现急性中毒症状。通过食物链在人体内富集的镉可引起慢性中毒，使肾机能衰退、骨质疏松，长期吸入氯化镉会引发肺部炎症、支气管炎，甚至癌症。

日益恶化的水环境正严重威胁着人类的生存和经济的发展，人们也越来越意识到保护环境的重要性和必要性。水体中重金属离子的快速检测对水体污染的预防与综合治理具有重要意义。

1.1.2　比色检测法的原理

　　贵金属纳米粒子(主要指金、银和铂族金属等)中的自由电子受电磁场影响会发生振荡，形成等离子体，当振荡频率与入射电磁场频率相同时，即产生共振，这种作用称为表面等离子体共振[6]。例如，金纳米粒子的 SPR 特征吸收峰在 510～550nm 处，银纳米粒子的 SPR 特征吸收峰在 400nm 左右。贵金属纳米粒子的 SPR 吸收情况(包括峰位与峰强等)与纳米粒子的尺寸、颗粒间距、形貌、表面修饰物及周围环境介质有密切关系，其中任一条件的改变均会引起其 SPR 峰位发生偏移或者峰宽变宽，峰强也会发生相应的变化，导致溶胶颜色发生明显变化[25-27]。

　　(1) 纳米粒子尺寸与间距的影响：尺寸大的颗粒相对于尺寸小的颗粒，其 SPR 峰位发生红移；当贵金属纳米粒子聚集到一定程度，两个颗粒之间的距离小于其粒径的 2 倍时，溶液的颜色就会发生明显的变化，引起 SPR 峰位发生红移[4]。例如，胶体金由红色变为紫色或蓝色，胶体银由亮黄色变为红色。

　　(2) 纳米粒子形貌的影响：三角形银纳米片在紫外-可见吸收光谱(UV-Vis)中有三个共振吸收峰，分别对应面外四极、面内四极和面内双极共振；金纳米棒的 SPR 吸收有两个特征峰，分别对应横向和纵向自由电子振荡，且不同长径比的金纳米棒颜色不同。

　　(3) 周围环境介质的影响：纳米粒子外部介质的折射指数增加，散射切面和散射强度增加，会导致其 SPR 吸收峰发生红移。

　　贵金属纳米粒子的上述性质成为其可以作为比色检测法所用基质的理论基础。基于贵金属纳米粒子的比色传感器主要利用目标分析物控制纳米粒子的分散或聚集状态，即从分散到聚集或从聚集到分散过程中的颜色变化，使得贵金属纳米粒子成为比色检测待测物的信号源，通过裸眼观察溶液颜色的变化，可实现对待测物的定性与半定量分析。伴随着颜色的变化，其 SPR 吸收光谱也会发生相应的改变，从而可实现对待测物的定量分析。

　　与传统的检测方法相比，比色检测法具有以下优势：①灵敏度高；②选择性好；③操作简单，只需将待测样品加入检测试剂中，利用便携式紫外-可见分光光度计测定即可，无需烦琐的前处理和复杂的仪器操作，检测结果分析简单；④成本低，一个样品测定所需试剂量一般不超过 1mL，便携式紫外-可见分光光度计的价格低，一般的检测机构均可以承受；⑤反应迅速，待测样品与检测试剂反应时间短，测定过程快速，可以很快得出测定结果，使用便携式紫外-可见分光光度计可以实现对多样品的同时检测；⑥便于推广，利用该方法可以开发出用于检测待测物的试剂盒，无需专业人员也可完成样品检测。近年来，随着纳米技术的不断发展及其相关技术成熟度的不断提高，基于贵金属纳米粒子的比色检测法已广泛用于阴离子、重金属离子[28,29]、细胞、蛋白质、脱氧核糖核酸(DNA)、小分子等的快速检测。

1.2 重金属离子比色检测法

近年来,比色检测法检测重金属离子体系已得到深入的研究,虽然检测体系的理论依据相同,均依赖于目标检测物诱导贵金属纳米粒子发生尺寸、形态或结构的变化,导致其 SPR 吸收峰及溶胶颜色发生变化,实现裸眼比色检测法半定量检测及基于紫外-可见吸收光谱的定量检测,但是具体实现这个变化的途径多种多样,重金属离子比色检测法的机理包括络合机理、聚集相关机理(包括解团聚、抗聚集)、刻蚀相关机理、合成过程检测机理、催化机理等。下面进行详细阐述。

1.2.1 络合机理

分子或者离子与金属离子结合,形成非常稳定的新离子的过程称为络合反应,生成的物质称为络合物。络合物通常是指含有络离子的化合物,络离子是由一种离子与一种或多种分子,或由两种或多种不同离子所形成的一类复杂离子或分子。凡是由两个或两个以上含有孤对电子(或 π 键)的分子或离子作配位体,与具有空的价电子轨道的中心原子或离子结合而成的结构单元为络合单元,带有电荷的络合单元称为络离子。电中性的络合单元或络离子与相反电荷的离子组成的化合物均为络合物,又称配位化合物[30]。

随着络合化学的不断发展,络合物的范围也不断扩大,NH_4^+、SO_4^{2-}、MnO_4^- 等也被列入络合物的范围,称为广义的络合物。一般情况下,络合物可分为以下几类。

(1) 单核络合物,在 1 个中心离子(或原子)周围有规律地分布着一定数量的配位体,如硫酸四氨合铜($[Cu(NH_3)_4]SO_4$)、六氰合铁(Ⅱ)酸钾($K_4[Fe(CN)_6]$)、四羰基镍($Ni(CO)_4$)等,这类络合物一般无环状结构。

(2) 螯合物(又称内络合物),由中心离子(或原子)和多齿配位体络合,形成具有环状结构的络合物,如二氨基乙酸合铜等。螯合物中一般以五元环或六元环稳定。

(3) 其他特殊络合物,主要有多核络合物(含两个或两个以上中心离子或原子)、多酸型络合物、分子氮络合物、π-酸配位体络合物、π-络合物等[31]。

木瓜蛋白酶是一种巯基蛋白酶,具有高酶活性和高稳定性等特点,在食品、医药、日用化工、生物化学等领域具有广阔的应用前景和较高的商业价值。国家纳米科学中心蒋兴宇等在碱性条件下,采用木瓜蛋白酶作为修饰剂合成了功能化的金纳米粒子[32]。利用木瓜蛋白酶与 Hg^{2+}、Cu^{2+} 和 Pb^{2+} 的螯合作用(图 1.1)，诱导金纳米粒子发生聚集，使其 SPR 吸收峰发生红移，金溶胶由红色变为蓝灰色(图 1.2)，从而达到同时检测这三种重金属离子的目的。研究表明，较大的金纳米粒子反应更敏感。该检测方法简单、成本低且快速有效，三种离子的检测限可达 200nmol/L。

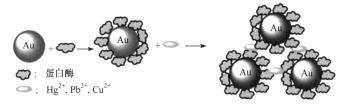

图 1.1　木瓜蛋白酶体系检测重金属离子的原理示意图[32]

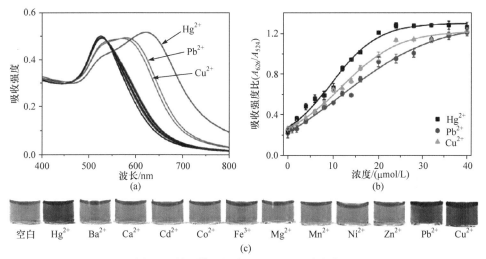

图 1.2　检测体系颜色及 SPR 吸收峰变化[32]

中国科学院研究生院赵红等利用巯基苯甲酸修饰的银纳米粒子检测 Cu^{2+}，加入 Cu^{2+} 后，巯基苯甲酸中的羧基与 Cu^{2+} 发生络合反应，诱导银纳米粒子聚集(图 1.3)，检测体系由亮黄色变为紫色[33]。检测线性范围是 0.1～100μmol/L，检测限达 25nmol/L(图 1.4)，可用于饮用水中 Cu^{2+} 的检测。

中国科学院宁波材料技术与工程研究所吴爱国研究组的张付强等[34]提出了一种新的 Hg^{2+} 检测机理，通过核壳结构的形成，实现对 Hg^{2+} 的比色检测。具体地，硫代乙酰胺(C_2H_5NS)在酸性条件下产生 H_2S，S 原子通过 Au—S 键吸附在金纳米粒子表面，加入 Hg^{2+} 后，S 与 Hg^{2+} 形成一层 HgS 包裹在金纳米粒子的表面，形成 Au@HgS 复合结构(图 1.5)，从而导致金纳米粒子 SPR 性质发生改变，引起溶胶

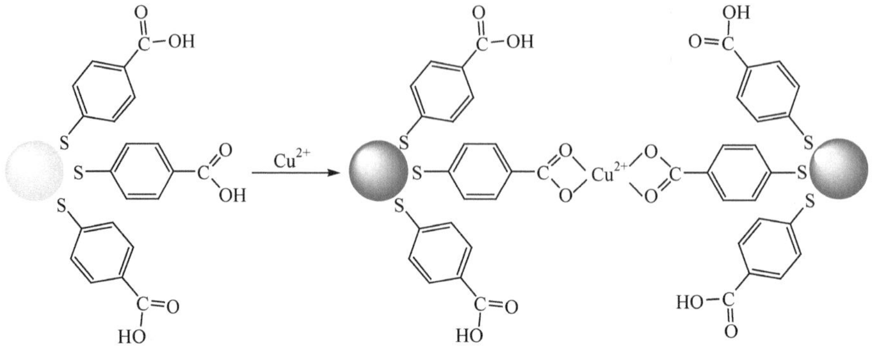

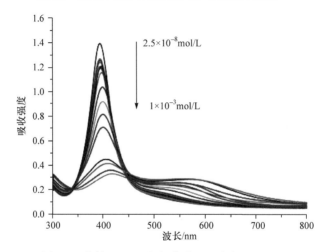

图 1.3 银纳米粒子体系检测 Cu^{2+}的原理示意图[33]

图 1.4 紫外-可见吸收光谱随 Cu^{2+}浓度的变化[33]

颜色和紫外-可见吸收光谱的变化。根据溶胶颜色的变化可以实现对 Hg^{2+}的定性、半定量分析，裸眼检测限达 5μmol/L；根据紫外-可见吸收光谱数据能够定量检测水溶液中的 Hg^{2+}，线性检测范围是 0.01~80μmol/L。

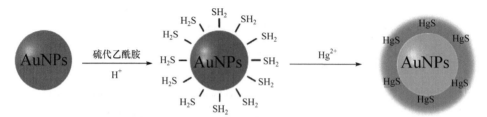

图 1.5 通过形成 Au@HgS 核壳结构检测水溶液中 Hg^{2+}的传感机理[34]

中国科学院宁波材料技术与工程研究所吴爱国研究组的冷玉敏等[35]制备了

二硫腙修饰十六烷基三甲基溴化铵(CTAB)包裹的金纳米粒子(AuNPs)功能试剂。在碱性条件下，这种功能化试剂能同时对十种离子(Cr(VI)、Cr(III)、Mn^{2+}、Co^{2+}、Ni^{2+}、Cu^{2+}、Zn^{2+}、Cd^{2+}、Hg^{2+}和Pb^{2+})实现不同的显色反应(图1.6)；此外，采用密度泛函理论(density functional theory, DFT)对二硫腙在溶液中的结构变化进行模拟分析，揭示了这种检测试剂对多种离子具有比色响应的原理。

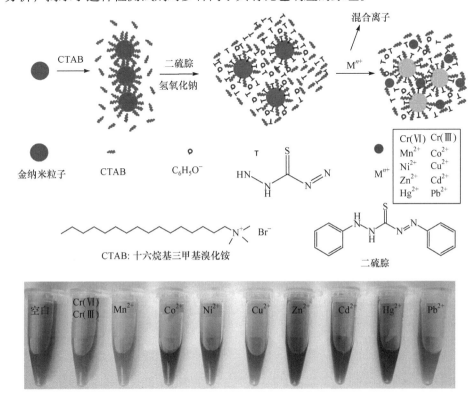

图 1.6　二硫腙修饰的 AuNPs 对十种离子检测的机理图及比色照片[35]

华中师范大学李海兵等[36]利用苯三唑酯修饰银纳米粒子(图1.7)，基于 Cd^{2+} 与苯三唑之间的络合反应，引起银纳米粒子的聚集，使银溶胶由亮黄色转变为紫红色；同时，随着 Cd^{2+} 浓度的逐渐增大，纳米粒子的紫外-可见特征吸收峰强度明显下降，且在 580nm 处出现新的吸收峰，从而实现对 Cd^{2+} 的比色检测。

中国科学院宁波材料技术与工程研究所吴爱国研究组的张付强等[37]利用 Au/CTAB-巯基乙酸(TGA)开发了一种可以方便、快速、灵敏地比色检测水溶液中 Co^{2+} 的方法。首先采用 CTAB 修饰金纳米粒子，通过 Au—S 键使 TGA 吸附至金纳米粒子表面，从而制得既有 CTAB 又有 TGA 的双分子修饰的金纳米粒子；然

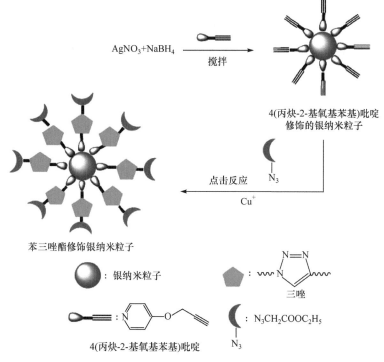

图 1.7 功能化的银纳米粒子结构示意图[36]

后通过 CTAB、TGA 与 Co^{2+} 的共同作用，使金纳米粒子发生聚集(图 1.8)，引起金纳米粒子溶液颜色的变化，从而达到检测水溶液中 Co^{2+} 的目的。这种方法对 Co^{2+} 的裸眼检测限为 $0.3\mu mol/L$。

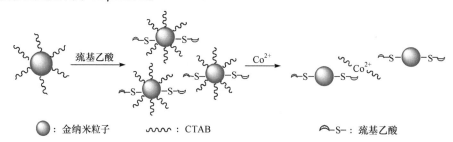

图 1.8 TGA 功能化的 CTAB 修饰的金纳米粒子检测 Co^{2+} 机理示意图[37]

中国科学院宁波材料技术与工程研究所吴爱国研究组的辛军委等[38]开发了一种借助多聚磷酸钠修饰的金纳米粒子有效检测 Cr(Ⅲ)的方法。在多聚磷酸根离子的保护下，通过硼氢化钠还原氯金酸(HAuCl₄)制得功能化金纳米粒子，该纳米粒子可通过金属配位反应选择性地连接 Cr(Ⅲ)(图 1.9)，导致金纳米粒子聚集。该检测方法具有较高的灵敏性和优异的选择性(图 1.10),裸眼检测限为 0.1μmol/L,是一种快速、灵敏的检测分析 Cr(Ⅲ)的方法。

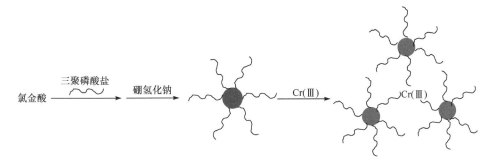

图 1.9 功能化金纳米粒子比色检测 Cr(Ⅲ)的机理示意图[38]

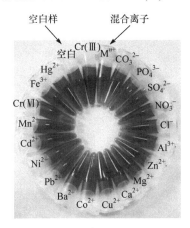

图 1.10 检测体系的选择性[38]

台湾交通大学 Wu 等[39]使用焦磷酸盐($P_2O_7^{4-}$)作为保护剂,用硼氢化钠还原 $HAuCl_4$ 制得功能化的金纳米粒子($P_2O_7^{4-}$-AuNPs)。金纳米粒子表面的 $P_2O_7^{4-}$ 能够与 Fe^{3+} 进行特异性的结合,诱导 $P_2O_7^{4-}$-AuNPs 聚集(图 1.11),金纳米粒子溶液由粉红色变为紫色,利用紫外-可见吸收光谱的检测限为 5.6μmol/L。与其他金属离子(Ca^{2+}、Cd^{2+}、Co^{2+}、Fe^{2+}、Hg^{2+}、K^+、Mg^{2+}、Mn^{2+}、Na^+、Ni^{2+}、Pb^{2+} 和 Zn^{2+})相比,$P_2O_7^{4-}$-AuNPs 对 Fe^{3+} 具有优异的选择性。此外,研究者将 $P_2O_7^{4-}$-AuNPs 体系应用于湖泊水样中 Fe^{3+} 的检测,结果证明湖泊水样中其他物质对 Fe^{3+} 的检测干扰较小。

随着社会的进步,人们对人体健康与安全的关注度越来越高,对金属离子的潜在影响及其毒性作用的研究也越来越广泛,设计快速且适用于生物学金属离子的检测方法具有重要的现实意义,但挑战性较高。印度古吉拉特大学 Menon 等利用

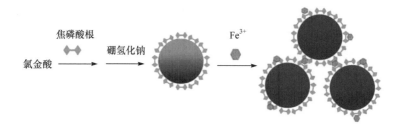

图 1.11　功能化金纳米粒子比色检测 Fe^{3+} 的机理示意图[39]

杯芳烃硫醇修饰的银纳米粒子开发了一种具有高选择性和高特异性的人体血液中 Fe^{3+} 的检测方法[40](图 1.12)。利用透射电子显微镜(TEM)、动态光散射(DLS)、紫外-可见吸收光谱、傅里叶变换-红外光谱(FT-IR)、电喷雾质谱(ESI-MS)和 ^1H NMR 等进行表征，证明该纳米粒子对 Fe^{3+} 具有较强的亲和力，且将该生物传感器成功应用于人血清和人血红蛋白中 Fe^{3+} 的检测。

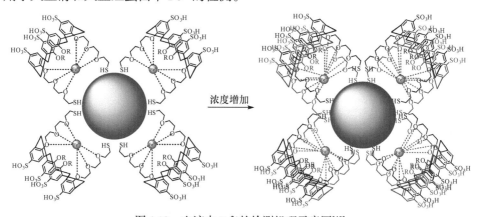

图 1.12　血液中 Fe^{3+} 的检测机理示意图[40]

中国科学院宁波材料技术与工程研究所吴爱国研究组的高月霞等[41]利用8-羟基喹啉(8-HQ)和草酸根修饰 AuNPs，开发了一种 Hg^{2+} 比色检测方法。具体地，以草酸钠为还原剂制备 AuNPs，利用 8-HQ 修饰制得功能化 AuNPs。基于 8-HQ和草酸根离子提供的羰基氧协同作用，共同与 Hg^{2+} 发生络合反应，导致 AuNPs 的聚集，实现了对水溶液中 Hg^{2+} 的快速、灵敏及实时、实地检测(图 1.13)，该检测方法简单、经济，抗干扰能力强。

中国科学院宁波材料技术与工程研究所吴爱国研究组的高月霞等[42]采用无毒无害的多聚磷酸钠为保护剂兼功能化试剂，用一步法制备出功能化的银纳米粒子($P_3O_{10}^{5-}$-AgNPs)，在碱性条件下实现了对水溶液中 Mn^{2+} 的快速、实时、实地、简便检测，检测限优于国家饮用水标准。该检测体系主要基于络合机理实现对 Mn^{2+} 的检测，如图 1.14 所示，以 Mn^{2+} 可与多聚磷酸根离子形成六配位络合物为

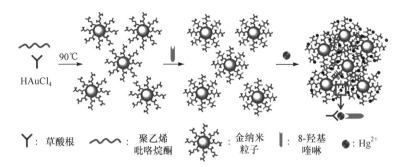

图 1.13　8-HQ 及草酸根功能化 AuNPs 对水溶液中 Hg^{2+} 的检测机理示意图[41]

理论基础，在碱性条件下，Mn^{2+} 使功能化银纳米粒子发生聚集，引起其 SPR 吸收发生变化，体现在紫外-可见吸收光谱图上为吸收峰位及吸光强度的变化，即随着 Mn^{2+} 浓度的增大，银纳米粒子的特征吸收峰强度逐渐下降，且吸收峰位略有红移。宏观表现为溶液的颜色由亮黄色逐渐变为灰褐色，从而达到比色检测 Mn^{2+} 的目的。

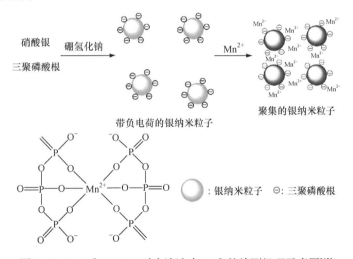

图 1.14　$P_3O_{10}^{5-}$-AgNPs 对水溶液中 Mn^{2+} 的检测机理示意图[42]

中国科学院宁波材料技术与工程研究所吴爱国研究组与安庆师范大学吴根华等[43]合作开发了功能化的银纳米粒子比色传感器，在不同的 pH(1.9 和 12)条件下分别检测 Cu^{2+} 与 Mn^{2+}(图 1.15)。其中，羟丙基甲基纤维素作为银纳米粒子的稳定剂，焦磷酸钠作为 Mn^{2+} 的络合剂。在 pH 为 1.9 时，Cu^{2+} 的加入使溶液颜色由黄色逐渐变为无色，银纳米粒子的特征吸收峰强度降低。在 pH 为 12 时，Mn^{2+} 的加入使溶液颜色由黄色变为棕色。因此，利用对一种检测试剂 pH 的调节可以达到检测两种离子的目的。裸眼观测 Cu^{2+} 与 Mn^{2+} 的变色浓度分别为 0.05μmol/L 和 0.5μmol/L，紫外-可见吸收光谱检测限分别为 2nmol/L 和 20nmol/L。同时，利用该检测体系实现了对复杂水样中 Cu^{2+} 与 Mn^{2+} 的快速比色检测。

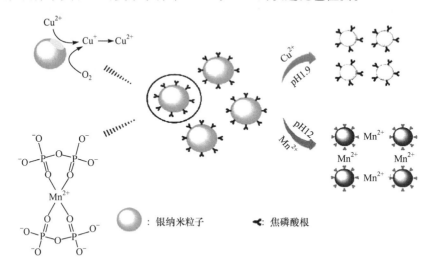

图 1.15　AgNPs 对水溶液中 Cu^{2+} 与 Mn^{2+} 的检测机理示意图[43]

韩国国立庆尚大学 Jung 等[44]利用双-(吡啶-2-亚甲基)苯修饰的金纳米粒子作为比色传感器，选择性地检测水溶液中的 Zn^{2+}。双-(吡啶-2-亚甲基)苯水解的氨基可以与 Zn^{2+} 发生络合反应，而噻吩可以与金纳米粒子结合，Zn^{2+} 的存在使金纳米粒子发生聚集(图 1.16)，溶液颜色发生改变，从而达到检测 Zn^{2+} 的目的。

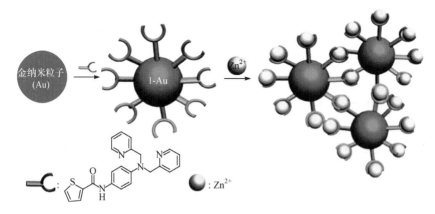

图 1.16　AuNPs 对水溶液中 Zn^{2+} 的检测机理示意图[44]

中国科学院宁波材料技术与工程研究所吴爱国研究组的董晨等[45]利用没食

子酸修饰的金纳米粒子，基于不同的络合机理分别检测 Cr(Ⅲ)和 Cr(Ⅵ)(图 1.17 和图 1.18)。Cr(Ⅲ)和 Cr(Ⅵ)均可以使没食子酸修饰的金纳米粒子溶胶变色，柠檬酸钠与硫代硫酸钠掩蔽共存的 Cr(Ⅵ)可用于 Cr(Ⅲ)的检测；测定 Cr(Ⅵ)时，可以用乙二胺四乙酸二钠盐(EDTA)掩蔽 Cr(Ⅲ)。在优化的实验条件下，该金纳米粒子对 Cr(Ⅲ)和 Cr(Ⅵ)均具有优异的选择性。Cr(Ⅲ)和 Cr(Ⅵ)的裸眼检测限分别是 1.5μmol/L 和 2μmol/L，紫外-可见吸收光谱检测限均为 0.1μmol/L，且采用该方法成功检测了电镀水中 Cr(Ⅲ)和 Cr(Ⅵ)的含量，回收率高。

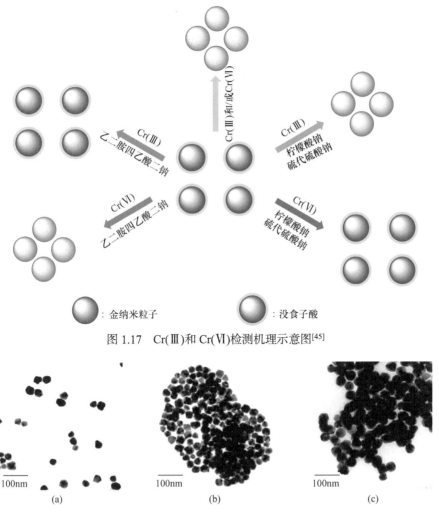

图 1.17　Cr(Ⅲ)和 Cr(Ⅵ)检测机理示意图[45]

图 1.18　AuNPs 体系检测 Cr(Ⅲ)和 Cr(Ⅵ)前后的 TEM 图[45]

华中师范大学李海兵等[46]通过原位点击反应合成了多足唑修饰的金纳米粒

子，用作 Pb^{2+}的比色探针(图 1.19)。Pb^{2+}的加入诱导多足唑修饰的金纳米粒子聚集，从而产生显色反应。研究者还将该检测方法应用于饮用水和含铅涂料中 Pb^{2+}的超标检测。

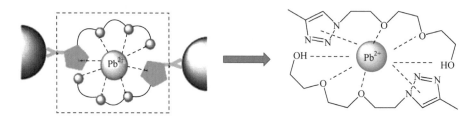

图 1.19   多足唑修饰的金纳米粒子用于 Pb^{2+}的检测机理示意图[46]

东北师范大学苏忠民等利用还原型谷胱甘肽(GSH)功能化的金纳米粒子开发了高灵敏、高选择性的 Pb^{2+}比色检测方法[47]。在 1mol/L 氯化钠水溶液中，Pb^{2+}诱导谷胱甘肽修饰的金纳米粒子聚集变色(图 1.20)，Pb^{2+}的检测限达 100nmol/L。相比于其他金属离子，如 Hg^{2+}、Mg^{2+}、Zn^{2+}、Ni^{2+}、Cu^{2+}、Co^{2+}、Ca^{2+}、Mn^{2+}、Fe^{2+}、Cd^{2+}、Ba^{2+}和 Cr(Ⅲ)，该检测体系对 Pb^{2+}具有良好的选择性。研究者成功将该比色传感器应用于湖泊水样中 Pb^{2+}的检测。

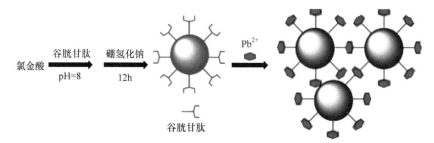

图 1.20   还原型谷胱甘肽修饰的金纳米粒子用于 Pb^{2+}的检测机理示意图[47]

湖南大学罗胜联等同样基于 GSH 与 Pb^{2+}之间的络合作用开发了一种简单、灵敏的 Pb^{2+}比色检测方法[48]。银纳米粒子的稳定性受盐度的影响非常大，可以通过 GSH 与银纳米粒子之间的作用，帮助银纳米粒子对抗盐诱导的聚集；然而，当 Pb^{2+}先与银纳米粒子混合，再加入 GSH 时，Pb^{2+}与 GSH 之间发生络合反应，此时再加入盐，银纳米粒子由于没有 GSH 的保护而聚集(图 1.21)，从而可以用于 Pb^{2+}的检测，Pb^{2+}的检测限为 0.5μmol/L。该比色传感器具有高性能、低成本的优点，在环境检测方面具有广阔的应用前景。

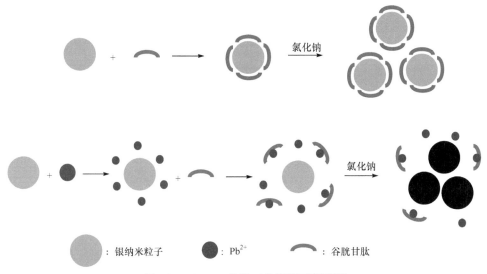

图 1.21　AgNPs 检测 Pb^{2+}机理示意图[48]

1.2.2　聚集相关机理

抗(解)聚集机理，顾名思义，该机理与聚集机理的检测方式相反。首先，对制备的金/银纳米粒子进行功能化修饰，使其表面包覆一层特异性功能化分子。某种化合物的加入会使功能化纳米粒子发生聚集；而当该化合物和目标检测重金属离子同时加入该功能纳米粒子溶液中时，不会出现纳米粒子聚集的现象，称为抗聚集机理。

该检测机理在 Hg^{2+}检测方面的应用较多[49-52]。台湾海洋大学洪玉伦等[49]在 AuNPs 溶液中加入 4-巯基丁醇，由于巯基(—SH)与 AuNPs 之间会形成较强的 Au—S 键，4-巯基丁醇吸附至 AuNPs 表面，改变了 AuNPs 的性质，使其不能稳定存在，从而发生聚集；而将 Hg^{2+}和 4-巯基丁醇同时加入 AuNPs 溶液中时，由于 Hg^{2+}与—SH 的作用强度($K_{sp(HgS)}=4\times10^{-53}$)高于 Au—S 键，所以 4-巯基丁醇优先与 Hg^{2+}发生作用，4-巯基丁醇的活性端基—SH 被淬灭，不再吸附至 AuNPs 表面，从而阻止了 AuNPs 的聚集，AuNPs 仍然以单分散状态存在，如图 1.22 所示。通过控制 4-巯基丁醇的浓度不变，随着 Hg^{2+}浓度的逐渐增大，AuNPs 的存在状态逐渐由聚集态转变为单分散态，致使其 SPR 吸收峰发生改变，溶液颜色发生相应的变化，从而实现对 Hg^{2+}的检测。

华东理工大学钟新华等采用金纳米粒子基于抗聚集机理实现了对 Hg^{2+}的检测[50]。柠檬酸根离子保护的金纳米粒子溶液能够稳定存在，当 4,4-联吡啶加入后，其中的 N 原子非常容易与 AuNPs 结合，引起金纳米粒子的聚集，导致溶液的颜色由酒红色变为灰色；当 4,4-联吡啶与 Hg^{2+}先混合，再加入金纳米粒子溶液中时，Hg^{2+}

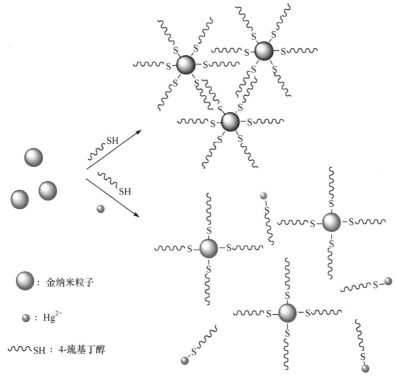

：金纳米粒子

：Hg²⁺

SH：4-巯基丁醇

图 1.22　利用 AuNPs 和 4-巯基丁醇检测 Hg²⁺的机理示意图[49]

先与 4,4-联吡啶上的 N 原子结合，从而阻止了 AuNPs 的聚集(图 1.23)，AuNPs 溶液保持原有的酒红色。据此机理可以检测水溶液中的 Hg²⁺，检测限达 3μg/kg。

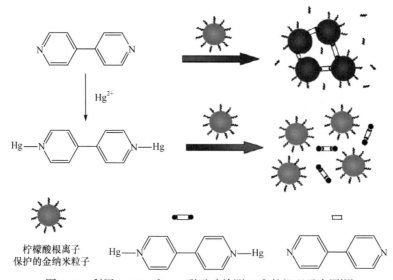

柠檬酸根离子
保护的金纳米粒子

图 1.23　利用 AuNPs 和 4,4-联吡啶检测 Hg²⁺的机理示意图[50]

　　山东大学占金华等利用铋试剂修饰的 AuNPs 结合拉曼信号实现 Hg^{2+} 的检测[51]。铋试剂含有大量的巯基，易与 AuNPs 表面结合，使 AuNPs 聚集变色。而当铋试剂与 Hg^{2+} 同时加入 AuNPs 溶液中时，Hg^{2+} 更易与铋试剂的巯基结合，使 AuNPs 能够保持良好的分散性，溶液的颜色为酒红色(图 1.24)，从而达到检测 Hg^{2+} 的目的。与其他检测方法不同的是，该检测方法借助拉曼信号验证了 Hg^{2+} 的检测机理。

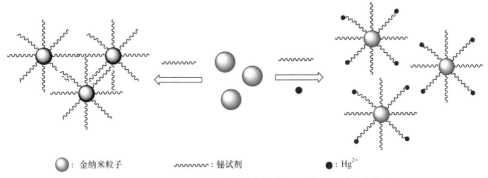

　　　　●：金纳米粒子　　　　〜〜〜〜〜〜：铋试剂　　　　●：Hg^{2+}

图 1.24　利用 AuNPs 和铋试剂检测 Hg^{2+} 的机理示意图[51]

　　同样，基于抗聚集机理，南京工业大学田丹碧等开发了一种简单、低成本、超灵敏的 Hg^{2+} 比色传感器(图 1.25)，用吡啶作为 AuNPs 聚集诱导剂[52]。该传感器对 Hg^{2+} 的特异选择性显著优于其他离子。线性检测范围是 0.15～3μmol/L，Hg^{2+} 的检测限为 55nmol/L。

　　中国科学院宁波材料技术与工程研究所吴爱国研究组的李永龙等[53]基于 AuNPs 的抗聚集机理提出了一种简单、可靠的 Hg^{2+} 比色检测方法。在柠檬酸根保护的 AuNPs 溶液中加入邻苯二胺，由于氨基的作用引发金纳米粒子的聚集，溶液的颜色由红色变为蓝色；若加入邻苯二胺之前在溶胶中先加入 Hg^{2+}，则 Hg^{2+} 可以优先与邻苯二胺的氨基络合，使得 AuNPs 溶液保持原本的红色，达到抗聚集的目的(图 1.26)，实现对 Hg^{2+} 的比色检测。该方法的线性检测范围是 0.01～2μmol/L，裸眼检测限为 0.1μmol/L，紫外-可见吸收光谱检测限达 5nmol/L。另外，利用该方法实现了对自来水和湖水中 Hg^{2+} 的检测。

　　同样，利用抗聚集机理，美国伊利诺伊大学陆艺课题组于 2008 年设计了一种无标记比色检测 Pb^{2+} 的方法[54]。向 AuNPs 和 DNAzyme-底物链混合体系中加入盐溶液时，由于 DNAzyme-底物链为交联的双链刚性结构，不能对 AuNPs 起到保护作用，盐溶液会引起 AuNPs 的聚集；而当 DNAzyme-底物链先与 Pb^{2+} 混合时，DNAzyme 的酶活性被 Pb^{2+} 激活，DNAzyme 催化底物链水解断裂，形成单链 DNA，再加入金纳米粒子时，单链 DNA 吸附至 AuNPs 表面，从而避免盐溶液引起 AuNPs 的聚集(图 1.27)。该检测方法在生物检测中具有很好的应用前景。

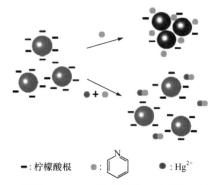

图 1.25　利用 AuNPs 和吡啶检测 Hg^{2+} 的机理示意图[52]

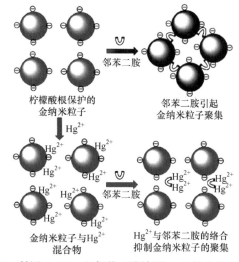

图 1.26　利用 AuNPs 和邻苯二胺检测 Hg^{2+} 的机理示意图[53]

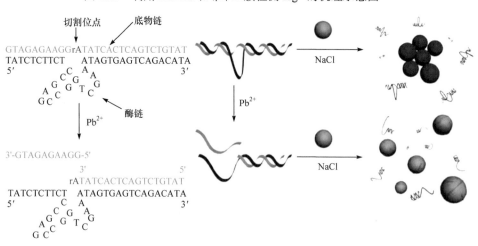

图 1.27　基于盐效应的 Pb^{2+} 检测机理示意图[54]

　　解聚集机理在重金属离子检测中也有应用，如 Ni^{2+}、Pb^{2+}等。华中师范大学李海兵等[55]采用谷胱甘肽修饰的银纳米粒子及 1,2-乙二胺体系开发了 Ni^{2+}比色检测方法。Ni^{2+}可引起谷胱甘肽修饰的银纳米粒子聚集，在该聚集体系中加入 1,2-乙二胺时，Ni^{2+}与乙二胺结合，使 Ni^{2+}脱离 AgNPs，溶液中的聚集体又重新分散(图 1.28)，从而实现对 Ni^{2+}的比色检测。

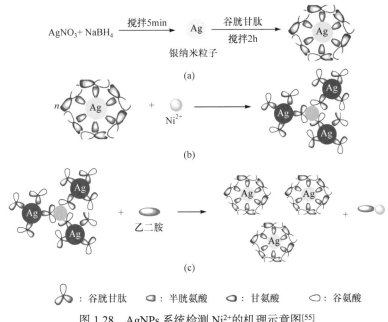

图 1.28　AgNPs 系统检测 Ni^{2+}的机理示意图[55]

　　美国伊利诺伊大学陆艺课题组开发了 DNAzyme 定向组装的 AuNPs 生物传感器用于比色检测 Pb^{2+}[56]。检测体系由 DNA 修饰的 AuNPs、底物链和 DNAzyme 链组成，其中底物链的序列中既有 DNAzyme 链可识别部分，在底物链的每一端又能与金纳米粒子上的 DNA 特定杂交，从而使金纳米粒子发生聚集，溶液为蓝色；在 50℃条件下，在聚集体中加入 Pb^{2+}，DNAzyme 的酶活性被激活，催化底物链水解断裂，使得 AuNPs 分散于溶液中(图 1.29)，溶液的颜色为红色。该金纳米粒子传感器对 Pb^{2+}具有较高的灵敏度和选择性。

1.2.3　刻蚀相关机理

　　刻蚀机理以氧化-还原反应为理论依据，主要应用于具有氧化性的重金属离子的检测，如 Cr(Ⅵ)、Cu^{2+}等。通过对金/银纳米粒子溶液进行 pH 调节等，具有特定氧化性的重金属离子会与金/银纳米粒子溶液表面的零价金/银发生氧化-还原反应，使得金/银纳米粒子的尺寸逐渐减小，引起纳米粒子 SPR 吸收峰位蓝移及吸收强度降低，同时溶液的颜色也会发生相应的变化。

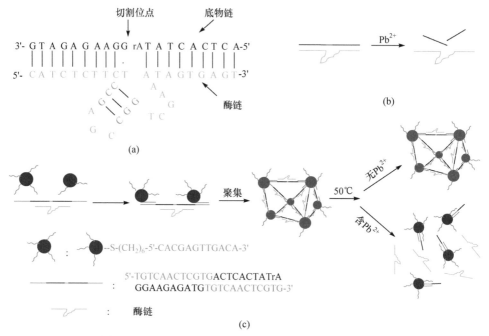

图 1.29　AuNPs-DNAzyme 系统检测 Pb²⁺的机理示意图[56]

$$AuNPs-DNAzyme$$

较早采用刻蚀机理进行重金属离子比色检测的是漳州师范学院李飞明等[57]，基于 Cr(Ⅵ)与金纳米棒之间的氧化-还原反应，Cr(Ⅵ)被还原为 Cr(Ⅲ)，而金纳米棒表面的金原子被逐渐氧化，导致金纳米棒的长径比发生明显变化(图 1.30)，体现在紫外-可见吸收光谱上 SPR 吸收峰位发生变化；含有不同浓度 Cr(Ⅵ)的金纳米棒溶液的颜色出现梯度变化，从而达到用裸眼及紫外-可见吸收光谱法检测水样中 Cr(Ⅵ)的目的。

●〜：十六烷基三甲基溴化铵

图 1.30　金纳米棒系统检测 Cr(Ⅵ)的机理示意图[57]

受该检测方法的启示，中国科学院宁波材料技术与工程研究所吴爱国研究组的辛军委等[58]合成了一种金核银壳纳米粒子，在酸性条件下，Cr(Ⅵ)可与该纳米粒子的银壳发生氧化-还原反应，外层金壳被逐渐刻蚀，纳米粒子的粒径逐渐变小，金核裸露出来，如图 1.31 所示。该反应使金核银壳纳米粒子的 SPR 吸收峰发生变化，并伴有溶液颜色由紫红色逐渐变浅，最后变为黄色，从而实现对 Cr(Ⅵ)的快速比色检测。

中国科学院烟台海岸带研究所陈令新研究组基于刻蚀机理采用金核银壳纳米粒子比色检测水溶液中痕量的 Cu²⁺[59]。首先将 Na₂S₂O₃修饰于纳米粒子的表面，加

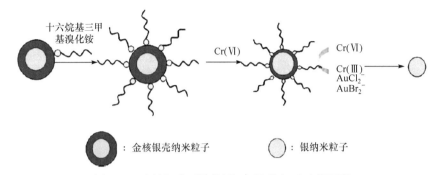

图 1.31　金核银壳系统检测 Cr(Ⅵ)的机理示意图[58]

入 Cu^{2+} 后，$Na_2S_2O_3$ 的作用会加速 Cu^{2+} 与银原子之间的氧化-还原反应，纳米粒子的粒径减小，纳米粒子表面银层的黄色逐渐褪去(图 1.32)，SPR 吸收强度急剧降低，从而实现高灵敏、高选择性地检测 Cu^{2+} 的目的。Cu^{2+} 的线性检测范围是 5～800nmol/L，紫外-可见吸收光谱检测限为 1nmol/L，但检测时间较长，需要 60min。

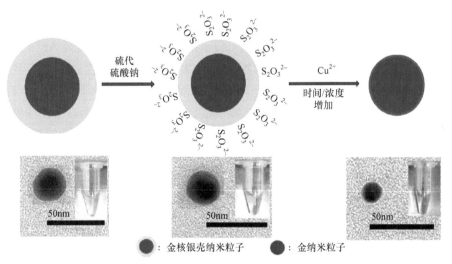

图 1.32　金核银壳系统检测 Cu^{2+} 的机理示意图[59]

　　烟台大学刘瑞利等[60]开发了一种新型的可快速检测 Cu^{2+} 的比色传感器，主要基于 Cu^{2+} 对 AuNPs 的催化刻蚀。首先 Cu^{2+} 与 NH_3 反应形成 $Cu(NH_3)_4^{2+}$ 络合物，然后在 $S_2O_3^{2-}$ 的存在下，CTAB 稳定的金纳米粒子被 $Cu(NH_3)_4^{2+}$ 氧化，生成水溶性的 $Au(S_2O_3)_2^{3-}$ 和 $Cu(S_2O_3)_3^{5-}$，AuNPs 被部分溶解，AuNPs 的 SPR 吸收强度降低。由于溶液中溶解氧的存在，$Cu(S_2O_3)_3^{5-}$ 又重新被氧化成 $Cu(NH_3)_4^{2+}$，从而实现

对 AuNPs 的循环刻蚀(图 1.33)，达到比色检测 Cu^{2+}的目的。

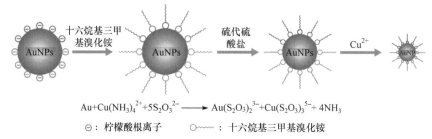

$$Au+Cu(NH_3)_4^{2+}+5S_2O_3^{2-} \longrightarrow Au(S_2O_3)_2^{3-}+Cu(S_2O_3)_3^{5-}+4NH_3$$

⊖：柠檬酸根离子　　　◯—：十六烷基三甲基溴化铵

图 1.33　基于催化氧化金纳米粒子比色检测 Cu^{2+}的机理示意图[60]

中国科学院宁波材料技术与工程研究所吴爱国研究组的苗利静等[61]基于绿色还原法制备淀粉保护的银纳米粒子，利用刻蚀机理通过比色检测法快速检测 Cu^{2+}。在酸性条件下，Cu^{2+}加入银纳米粒子溶液中后发生氧化-还原反应，使溶液颜色由亮黄色变为无色，从而可以通过裸眼比色实现对 Cu^{2+}的半定量检测。该方法中，淀粉不仅对银纳米粒子起到稳定的作用，还可与 Cu^{2+}通过络合作用形成复合物，加剧检测体系的颜色变化。在 Cl$^-$的存在下，Ag$^+$/Ag 的标准电极电势从 0.7996V 降至 0.222V(AgCl/Ag)，此时 CuCl$_2$/CuCl 的标准电极电势为 0.57V，这保证了氧化-还原反应的顺利进行。银纳米粒子很容易被 Cu^{2+}氧化变为 Ag$^+$，进而与 Cl$^-$反应形成 AgCl，使银纳米粒子溶液的颜色由亮黄色变为无色。需要指出的是，HgCl$_2$/Hg$_2$Cl$_2$ 的标准电极电势为 0.63V，比 CuCl$_2$/CuCl 的高，理论上更易与银纳米粒子发生氧化-还原反应。经过进一步考察，发现 Cu^{2+}对贵金属有很强的催化效应，在反应过程中，Cu^{2+}能被银纳米粒子还原成 Cu$^+$，Cu^{2+}和 Cu$^+$可与 Cl$^-$形成络合物；而 Cu$^+$不稳定，可被溶液中存在的少量氧气再次氧化成 Cu^{2+}，从而对银纳米粒子进行循环刻蚀(图 1.34)，实现对 Cu^{2+}的比色检测。

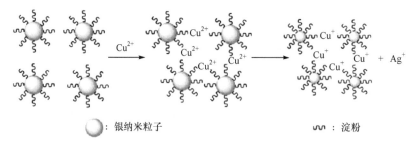

◯：银纳米粒子　　　　　∿：淀粉

图 1.34　银纳米粒子溶液检测 Cu^{2+}的机理示意图[61]

研究者也对其他离子如 Pb^{2+}、Hg^{2+}、Ni^{2+}等，采用刻蚀机理开发了相应的比色检测方法。中国科学院宁波材料技术与工程研究所吴爱国研究组的张玉杰等[62]

开发了一种简单、快速的 Pb^{2+} 比色检测方法。通过将硫代硫酸钠加入到 CTAB 修饰的金纳米粒子溶液中，依靠静电作用使其吸附于金纳米粒子的表面。在 $Na_2S_2O_3$ 存在时，金纳米粒子被部分氧化，当加入 Pb^{2+} 后，在 Pb^{2+} 和 $S_2O_3^{2-}$ 的共同作用下可加速金的溶解(图 1.35)，使得金纳米粒子的 SPR 吸收强度降低。裸眼可观测到 Pb^{2+} 浓度为 0.1μmol/L 时变色，紫外-可见吸收光谱检测限为 40nmol/L。

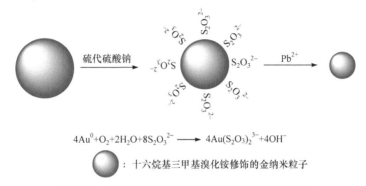

$$4Au^0+O_2+2H_2O+8S_2O_3^{2-} \longrightarrow 4Au(S_2O_3)_2^{3-}+4OH^-$$

● ：十六烷基三甲基溴化铵修饰的金纳米粒子

图 1.35　金纳米粒子溶液检测 Pb^{2+} 的机理示意图[62]

中国科学院宁波材料技术与工程研究所吴爱国研究组的陈宁怡等[63,64]利用三角形银纳米片(AgNPRs)基于抗刻蚀机理分别检测了 Hg^{2+} 和 Ni^{2+}。将半胱氨酸修饰于 AgNPRs 的表面，由于银三角片的边角活性较高，I^- 加入后会刻蚀三角部位，溶液的颜色从蓝色变为红色；然而，加入 Hg^{2+} 时，在氨基的作用下，银三角片表面形成一层银-汞合金(图 1.36)，阻止了 I^- 的刻蚀，银纳米片保持原有的颜色。该方法用于 Hg^{2+} 检测时，反应快速(15min)、选择性好、灵敏度高。随后，同样基于抗刻蚀机理，陈宁怡等[64]开发了还原型谷胱甘肽(GSH)修饰的银三角片快速比色检测 Ni^{2+} 的方法。在弱碱性条件下，I^- 的加入可以刻蚀 GSH 修饰的 AgNPRs；而当 Ni^{2+} 加入时，溶解氧氧化 GSH 的反应加速，保护在 AgNPRs 边角处的 GSH 与溶液中游离的 GSH 生成 GS-SG，使得保护在 AgNPRs 周围的有机物增多，且大分子的 GS-SG 可形成有效的空间位阻，使 AgNPRs 不被 I^- 刻蚀，AgNPRs 的形貌保持不变(图 1.37)，溶液的颜色仍为亮蓝色。与其他 26 种离子相比，Ni^{2+} 能很好地抑制银三角片被刻蚀，该检测体系对 Ni^{2+} 具有很好的选择性。裸眼检测限为 50nmol/L，紫外-可见吸收光谱检测限为 5nmol/L。对实际水样检测的结果表明，该检测方法对 Ni^{2+} 具有良好的选择性，具有实际应用价值。

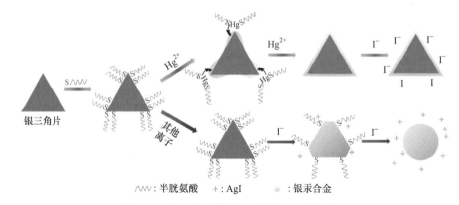

图 1.36 银三角片检测 Hg^{2+}的机理示意图[63]

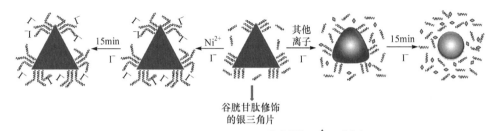

图 1.37 银三角片检测 Ni^{2+}的机理示意图[64]

福州大学孙建军等基于抗刻蚀机理开发了新型的 Cu^{2+} 比色检测方法[65]。如图 1.38 所示，金纳米粒子在 SCN$^-$ 存在下易被 H$_2$O$_2$ 氧化刻蚀，溶液的颜色逐渐由红色变为无色；而当 Cu(NH$_3$)$_6^{2+}$ 存在时，溶液中的 H$_2$O$_2$ 快速分解为 H$_2$O 和 O$_2$，Cu(NH$_3$)$_6^{2+}$ 的含量越多，金纳米粒子被氧化刻蚀得越少，从而使溶液保持红色，达到可视化检测 Cu^{2+} 的目的。

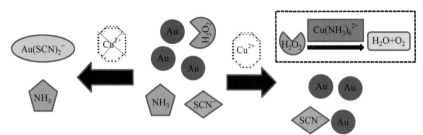

图 1.38 抗刻蚀机理检测 Cu^{2+}的机理示意图[65]

1.2.4 合成过程检测机理

大部分比色检测方法需要首先制备出 AuNPs 或 AgNPs，然后通过对纳米粒子的修饰或改变环境来检测重金属离子，这增加了操作的复杂性。而有些重金属离子在纳米粒子的合成过程中即可实现检测，目前已经报道的有 Pb^{2+}、Hg^{2+} 和 Cu^{2+}。

中国科学院研究生院赵红等提出了在 AuNPs 合成过程中比色检测 Pb^{2+} 的方法[66]。金纳米粒子的形成过程分为成核、生长和饱和三个阶段。起初，Au^{3+} 减少，形成小的核后聚集成金纳米簇，这一过程中，没食子酸不仅起到还原剂的作用，还起到稳定剂的作用。新形成的小的金纳米簇不稳定，当溶液中存在 Pb^{2+} 时，金纳米簇易聚集，随着 Pb^{2+} 浓度的增加，金纳米簇聚集程度增加，溶液的颜色由红色变为紫色，最后成蓝色，从而实现对痕量 Pb^{2+} 的检测。该检测方法快速、简单。

复旦大学卢建忠等提出一种无标记比色检测 Hg^{2+} 的方法[67]。氯金酸与盐酸羟胺反应生成 AuNPs，当合成体系中含有 Hg^{2+} 时，金纳米粒子的生成速率加快，溶液颜色变化速率随 Hg^{2+} 浓度的增加而增大(图 1.39)，从而在 AuNPs 的制备过程中实现对 Hg^{2+} 的检测。该检测方法选择性好、灵敏度高。

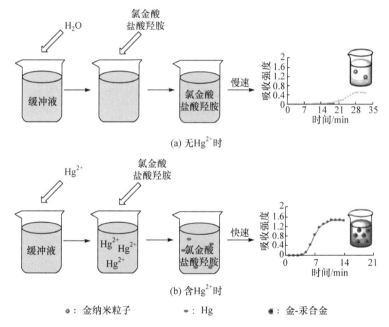

图 1.39　金纳米粒子合成过程检测 Hg^{2+} 的机理示意图[67]

中国科学院生态环境研究中心蔡亚岐等提出了在银纳米粒子合成过程中检测 Cu^{2+} 的方法[68]。硝酸银添加到多巴胺溶液中后，溶液由无色逐渐变为亮黄色。当合成体系中有 Cu^{2+} 存在时，溶液在 3min 内即由无色变为深棕色。这是因为 Cu^{2+} 可以与多巴胺发生配位反应，在银纳米粒子合成过程中，银纳米粒子发生聚集(图 1.40)，从而实现对 Cu^{2+} 的检测。

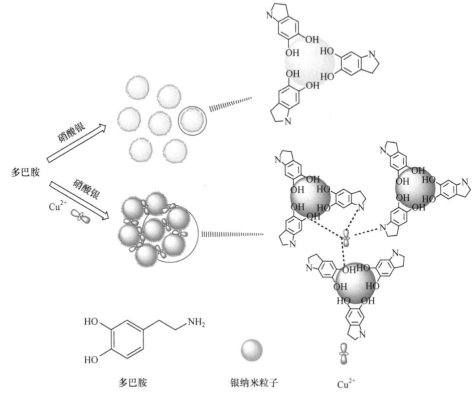

图 1.40 银纳米粒子合成过程检测 Cu^{2+} 的机理示意图[68]

1.2.5 催化机理

国家纳米科学中心蒋兴宇研究组利用金纳米粒子和点击化学，开发了一种比色检测水溶液中 Cu^{2+} 的新方法[69]。该反应中点击化学具有非同一般的高选择性，不受其他离子、混合物及其他分子，特别是生物分子的干扰。点击化学是指用 Cu^+ 作为催化剂，可以将分别含有末端炔基和叠氮基团的分子进行偶联。因为 Cu^+ 是变价离子，所以可以利用点击反应检测水溶液中的 Cu^{2+}。首先，分别合成末端炔基和末端叠氮基修饰的金纳米粒子，之后将两种金纳米粒子混合，随后加入 Cu^{2+} 与还原剂的混合溶液，Cu^{2+} 被快速还原生成 Cu^+，Cu^+ 作为催化剂使金纳米粒子表面的炔基和叠氮基发生反应，导致金纳米粒子的聚集(图 1.41)，从而实现对溶液中 Cu^{2+} 的检测；而当不存在 Cu^{2+} 时，金纳米粒子不发生聚集，溶液仍保持原来的红色。

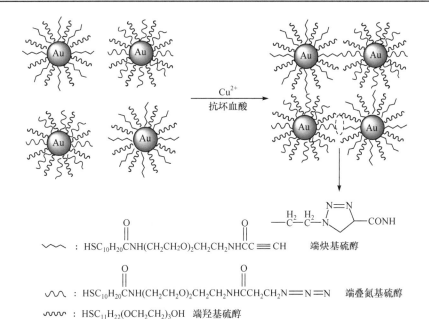

$$\sim\sim\sim: HSC_{10}H_{20}CNH(CH_2CH_2O)_2CH_2CH_2NHCC\equiv CH \quad \text{端炔基硫醇}$$

$$\sim\sim\sim: HSC_{10}H_{20}CNH(CH_2CH_2O)_2CH_2CH_2NHCCH_2CH_2N=N=N \quad \text{端叠氮基硫醇}$$

$$\sim\sim\sim: HSC_{11}H_{22}(OCH_2CH_2)_3OH \quad \text{端羟基硫醇}$$

图 1.41 基于点击反应利用金纳米粒子检测 Cu^{2+} 的机理示意图[69]

在 H_2O_2 存在的条件下,单独的 AuNPs 不能催化 3,3′,5,5′-四甲基联苯胺(TMB)使其变色,而 Hg^{2+} 的加入可以促进 AuNPs 的催化作用,从而使 H_2O_2 与 TMB 发生化学反应而变色(由无色变成蓝色),如图 1.42 所示。西南大学黄承志教授课题组基于该机理比色检测 Hg^{2+},检测限达皮摩尔级别[70]。

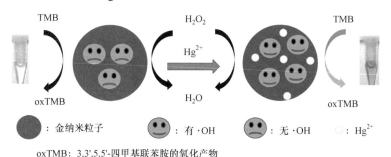

oxTMB:3,3′,5,5′-四甲基联苯胺的氧化产物

图 1.42 比色检测 Hg^{2+} 的机理示意图(Hg-Au 合金催化 TMB 变色)[70]

1.3 本 章 小 结

水体环境及生物样本中重金属离子的测定对环境保护和人类健康非常重要,高效、快速的检测方法在实际生活中的应用具有重要意义。基于贵金属纳米粒子

的比色检测法通过颜色变化直接判别重金属离子而无需大型仪器，目前已逐渐发展成为重要的重金属离子检测方法。贵金属纳米粒子可以对纳摩尔级别的重金属离子呈现颜色变化，是一种理想的比色检测法变色基体。基于贵金属纳米粒子的重金属离子比色检测涉及纳米科技、分析化学和环境化学，甚至生命科学等多门学科，因此该研究非常复杂，实际应用仍在探索阶段，需要科研工作者不断努力，以期尽快实现在现实生活中的应用。

参 考 文 献

[1] Nascentes C C, Kamogawa M Y, Fernandes K G, et al. Direct determination of Cu, Mn, Pb, and Zn in beer by thermospray flame furnace atomic absorption spectrometry[J]. Spectrochimica Acta Part B—Atomic Spectroscopy, 2005, 60(5): 749-753.

[2] Yang Q J, Tan Q, Zhou K Z, et al. Direct detection of mercury in vapor and aerosol from chemical atomization and nebulization at ambient temperature: Exploiting the flame atomic absorption spectrometer[J]. Journal of Analytical Atomic Spectrometry, 2005, 20(8): 760-762.

[3] Pourreza N, Hoveizavi R. Simultaneous preconcentration of Cu, Fe and Pb as methylthymol blue complexes on naphthalene adsorbent and flame atomic absorption determination[J]. Analytica Chimica Acta, 2005, 549(1-2): 124-128.

[4] Suddendorf R F, Watts J O, Boyer K. Simplified apparatus for determination of mercury by atomic-absorption and inductively coupled plasma emission-spectroscopy[J]. Journal of the Association of Official Analytical Chemists, 1981, 64(5): 1105-1110.

[5] Salaun P, van den Berg C M G. Voltammetric detection of mercury and copper in seawater using a gold microwire electrode[J]. Analytical Chemistry, 2006, 78(14): 5052-5060.

[6] Jena B K, Raj C R. Gold nanoelectrode ensembles for the simultaneous electrochemical detection of ultratrace arsenic, mercury, and copper[J]. Analytical Chemistry, 2008, 80(13): 4836-4844.

[7] Dahlquist R L, Knoll J W. Inductively coupled plasma-atomic emission spectrometry—Analysis of biological-materials and soils for major, trace, and ultra-trace elements[J]. Applied Spectroscopy, 1978, 32(1): 1-29.

[8] Li Y F, Chen C Y, Li B, et al. Elimination efficiency of different reagents for the memory effect of mercury using ICP-MS[J]. Journal of Analytical Atomic Spectrometry, 2006, 21(1): 94-96.

[9] Beauchemin D, Berman S S. Determination of trace-metals in reference water standards by inductively coupled plasma mass-spectrometry with online preconcentration[J]. Analytical Chemistry, 1989, 61(17): 1857-1862.

[10] Becker J S, Zoriy M V, Pickhardt C, et al. Imaging of copper, zinc, and other elements in thin section of human brain samples (hippocampus) by laser ablation inductively coupled plasma mass spectrometry[J]. Analytical Chemistry, 2005, 77(10): 3208-3216.

[11] Liu A C, Chen D C, Lin C C, et al. Application of cysteine monolayers for electrochemical determination of sub-ppb copper (II) [J]. Analytical Chemistry, 1999, 71(8): 1549-1552.

[12] Mahapatra A K, Hazra G, Das N K, et al. A highly selective triphenylamine-based indolylmethane derivatives as colorimetric and turn-off fluorimetric sensor toward Cu^{2+} detection by deprotonation

of secondary amines[J]. Sensors and Actuators B—Chemical, 2011, 156(1): 456-462.

[13] Raveendran P, Fu J, Wallen S L. Completely green synthesis and stabilization of metal nanoparticles[J]. Journal of the American Chemical Society, 2003, 125(46): 13940-13941.

[14] Henglein A. Small-particle research: Physicochemical properties of extremely small colloidal metal and semiconductor particles[J]. Chemical Reviews, 1989, 89(8): 1861-1873.

[15] Chen J, Wang J, Zhang X, et al. Microwave-assisted green synthesis of silver nanoparticles by carboxymethyl cellulose sodium and silver nitrate[J]. Materials Chemistry and Physics, 2008, 108(2-3): 421-424.

[16] Feldheim D L, Keating C D. Self-assembly of single electron transistors and related devices[J]. Chemical Society Reviews, 1998, 27(1): 1-12.

[17] Graf C, van Blaaderen A. Metallodielectric colloidal core-shell particles for photonic applications[J]. Langmuir, 2002, 18(2): 524-534.

[18] Hirsch L R, Jackson J B, Lee A, et al. A whole blood immunoassay using gold nanoshells[J]. Analytical Chemistry, 2003, 75(10): 2377-2381.

[19] Clarkson T W, Magos L, Myers G J. Human exposure to mercury: The three modern dilemmas[J]. Journal of Trace Elements in Experimental Medicine, 2003, 16(4): 321-343.

[20] Baughman T A. Elemental mercury spills[J]. Environmental Health Perspectives, 2006, 114(2): 147-152.

[21] Tchounwou P B, Ayensu W K, Ninashvili N, et al. Environmental exposure to mercury and its toxicopathologic implications for public health[J]. Environmental Toxicology, 2003, 18(3): 149-175.

[22] Zietz B P, Dieter H H, Lakomek M, et al. Epidemiological investigation on chronic copper toxicity to children exposed via the public drinking water supply[J]. Science of the Total Environment, 2003, 302(1-3): 127-144.

[23] Georgopoulos P G, Roy A, Yonone-Lioy M J, et al. Environmental copper: Its dynamics and human exposure issues[J]. Journal of Toxicology and Environmental Health Part B—Critical Reviews, 2001, 4(4): 341-394.

[24] Reiley M C. Science, polic, and trends of metals risk assessment at EPA: How understanding metals bioavailability has changed metals risk assessment at US EPA[J]. Aquatic Toxicology, 2007, 84(2): 292-298.

[25] Vigderman L, Khanal B P, Zubarev E R. Functional gold nanorods: Synthesis, self-assembly, and sensing applications[J]. Advanced Materials, 2012, 24(36): 4811-4841.

[26] Metraux G S, Mirkin C A. Rapid thermal synthesis of silver nanoprisms with chemically tailorable thickness[J]. Advanced Materials, 2005, 17(4): 412-415.

[27] Underwood S, Mulvaney P. Effect of the solution refractive-index on the color of gold colloids[J]. Langmuir, 1994, 10(10): 3427-3430.

[28] Slistan-Grijalva A, Herrera-Urbina R, Rivas-Silva J F, et al. Synthesis of silver nanoparticles in a polyvinylpyrrolidone (PVP) paste, and their optical properties in a film and in ethylene glycol[J]. Materials Research Bulletin, 2008, 43(1): 90-96.

[29] Liu D B, Wang Z, Jiang X Y. Gold nanoparticles for the colorimetric and fluorescent detection of ions and small organic molecules[J]. Nanoscale, 2011, 3(4): 1421-1433.

[30] Lin C Z, Guan H S, Li H H, et al. The influence of molecular mass of sulfated propylene glycol ester of low-molecular-weight alginate on anticoagulant activities[J]. European Polymer Journal, 2007, 43(7): 3009-3015.

[31] Kanesato M, Nagahara K, Igarashi K, et al. Synthesis, characterization and emission properties of yttrium (III) and europium (III) complexes of a tripodal heptadentate schiff-base ligand N[CH$_2$CH$_2$N=CH(2-OH-3-MeC$_6$H$_3$)]$_3$[J]. Inorganica Chimica Acta, 2011, 367(1): 225-229.

[32] Guo Y M, Wang Z, Qu W S, et al. Colorimetric detection of mercury, lead and copper ions simultaneously using protein-functionalized gold nanoparticles[J]. Biosensors & Bioelectronics, 2011, 26(10): 4064-4069.

[33] Zhou Y, Zhao H, He Y J, et al. Colorimetric detection of Cu^{2+} using 4-mercaptobenzoic acid modified silver nanoparticles[J]. Colloids and Surfaces A—Physicochemical and Engineering Aspects, 2011, 391(1-3): 179-183.

[34] Zhang F Q, Zeng L Y, Yang C, et al. A one-step colorimetric method of analysis detection of Hg^{2+} based on an in situ formation of Au@HgS core-shell structures[J]. Analyst, 2011, 136(13): 2825-2830.

[35] Leng Y M, Li Y L, Gong A, et al. Colorimetric response of dithizone product and hexadecyl trimethyl ammonium bromide modified gold nanoparticle dispersion to 10 types of heavy metal ions: Understanding the involved molecules from experiment to simulation[J]. Langmuir, 2013, 29(25): 7591-7599.

[36] Li H B, Yao Y, Han C P, et al. Triazole-ester modified silver nanoparticles: Click synthesis and Cd^{2+} colorimetric sensing[J]. Chemical Communications, 2009, (32): 4812-4814.

[37] Zhang F Q, Zeng L Y, Zhang Y X, et al. A colorimetric assay method for Co^{2+} based on thioglycolic acid functionalized hexadecyl trimethyl ammonium bromide modified Au nanoparticles (NPs)[J]. Nanoscale, 2011, 3(5): 2150-2154.

[38] Xin J W, Miao L J, Chen S G, et al. Colorimetric detection of Cr^{3+} using tripolyphosphate modified gold nanoparticles in aqueous solutions[J]. Analytical Methods, 2012, 4(5): 1259-1264.

[39] Wu S P, Chen Y P, Sung Y M. Colorimetric detection of Fe^{3+} ions using pyrophosphate functionalized gold nanoparticles[J]. Analyst, 2011, 136(9): 1887-1891.

[40] Pandya A, Sutariya P G, Lodha A, et al. A novel calix[4]arene thiol functionalized silver nanoprobe for selective recognition of ferric ion with nanomolar sensitivity via DLS selectivity in human biological fluid[J]. Nanoscale, 2013, 5(24): 12675-12676.

[41] Gao Y X, Li X, Li Y L, et al. A simple visual and highly selective colorimetric detection of Hg^{2+} based on gold nanoparticles modified by 8-hydroxyquinolines and oxalates[J]. Chemical Communications, 2014, 50(49): 6447-6450.

[42] Gao Y X, Xin J W, Shen Z Y, et al. A new rapid colorimetric detection method of Mn^{2+} based on tripolyphosphate modified silver nanoparticles[J]. Sensors and Actuators B—Chemical, 2013, 181: 288-293.

[43] Wu G H, Dong C, Li Y L, et al. A novel AgNPs-based colorimetric sensor for rapid detection of Cu^{2+} or Mn^{2+} via pH control[J]. RSC Advances, 2015, 5(26): 20595-20602.

[44] Jung S H, Jung S H, Lee J H, et al. Colorimetric sensor for Zn (II) using induced aggregation of

functionalized gold nanoparticles[J]. Bulletin of the Korean Chemical Society, 2015, 36(9): 2408-2410.

[45] Dong C, Wu G H, Wang Z Q, et al. Selective colorimetric detection of C (Ⅲ) and Cr(Ⅵ) using gallic acid capped gold nanoparticles[J]. Dalton Transactions, 2016, 45(20): 8347-8354.

[46] Li H B, Zheng Q L, Han C P. Click synthesis of podand triazole-linked gold nanoparticles as highly selective and sensitive colorimetric probes for lead (Ⅱ) ions[J]. Analyst, 2010, 135(6): 1360-1364.

[47] Chai F, Wang C A, Wang T T, et al. Colorimetric detection of Pb^{2+} using glutathione functionalized gold nanoparticles[J]. ACS Applied Materials & Interfaces, 2010, 2(5): 1466-1470.

[48] Chen Z, Li H D, Chu L, et al. Simple and sensitive colorimetric assay for Pb^{2+} based on glutathione protected Ag nanoparticles by salt amplification[J]. Journal of Nanoscience and Nanotechnology, 2015, 15(2): 1480-1485.

[49] Hung Y L, Hsiung T M, Chen Y Y, et al. Colorimetric detection of heavy metal ions using label-free gold nanoparticles and alkanethiols[J]. Journal of Physical Chemistry C, 2010, 114(39): 16329-16334.

[50] Li Y, Wu P, Xu H, et al. Highly selective and sensitive visualizable detection of Hg^{2+} based on anti-aggregation of gold nanoparticles[J]. Talanta, 2011, 84(2): 508-512.

[51] Duan J L, Yang M, Lai Y C, et al. A colorimetric and surface-enhanced raman scattering dual-signal sensor for Hg^{2+} based on Bismuthiol Ⅱ-capped gold nanoparticles[J]. Analytica Chimica Acta, 2012, 723: 88-93.

[52] Yang X R, Liu H X, Xu J, et al. A simple and cost-effective sensing strategy of mercury (Ⅱ) based on analyte-inhibited aggregation of gold nanoparticles[J]. Nanotechnology, 2011, 22(27): 275503.

[53] Li Y L, Leng Y M, Zhang Y J, et al. A new simple and reliable Hg^{2+} detection system based on anti-aggregation of unmodified gold nanoparticles in the presence of O-phenylenediamine[J]. Sensors and Actuators B—Chemical, 2014, 200: 140-146.

[54] Wang Z D, Lee J H, Lu Y. Label-free colorimetric detection of lead ions with a nanomolar detection limit and tunable dynamic range by using gold nanoparticles and DNAzyme[J]. Advanced Materials, 2008, 20(17): 3263-3267.

[55] Li H B, Cui Z M, Han C P. Glutathione-stabilized silver nanoparticles as colorimetric sensor for Ni^{2+} ion[J]. Sensors and Actuators B—Chemical, 2009, 143(1): 87-92.

[56] Liu J W, Lu Y. A colorimetric lead biosensor using DNAzyme-directed assembly of gold nanoparticles[J]. Journal of the American Chemical Society, 2003, 125(22): 6642-6643.

[57] Li F M, Liu J M, Wang X X, et al. Non-aggregation based label free colorimetric sensor for the detection of Cr(Ⅵ) based on selective etching of gold nanorods[J]. Sensors and Actuators B—Chemical, 2011, 155(2): 817-822.

[58] Xin J W, Zhang F Q, Gao Y X, et al. A rapid colorimetric detection method of trace Cr(Ⅵ) based on the redox etching of Ag-core-Au-shell nanoparticles at room temperature[J]. Talanta, 2012, 101: 122-127.

[59] Lou T T, Chen L X, Chen Z P, et al. Colorimetric detection of trace copper ions based on catalytic leaching of silver-coated gold nanoparticles[J]. ACS Applied Materials & Interfaces, 2011, 3(11): 4215-4220.

[60] Liu R L, Chen Z P, Wang S S, et al. Colorimetric sensing of copper (II) based on catalytic etching of gold nanoparticles[J]. Talanta, 2013, 112: 37-42.

[61] Miao L J, Xin J W, Shen Z Y, et al. Exploring a new rapid colorimetric detection method of Cu^{2+} with high sensitivity and selectivity[J]. Sensors and Actuators B—Chemical, 2013, 176: 906-912.

[62] Zhang Y J, Leng Y M, Miao L J, et al. The colorimetric detection of Pb^{2+} by using sodium thiosulfate and hexadecyl trimethyl ammonium bromide modified gold nanoparticles[J]. Dalton Transactions, 2013, 42(15): 5485-5490.

[63] Chen N Y, Zhang Y J, Liu H Y, et al. High-performance colorimetric detection of Hg^{2+} based on triangular silver nanoprisms[J]. ACS Sensors, 2016, 1(5): 521-527.

[64] Chen N Y, Zhang Y J, Liu H Y, et al. A supersensitive probe for rapid colorimetric detection of nickel ion based on a sensing mechanism of anti-etching[J]. ACS Sustainable Chemistry & Engineering, 2016, 4(12): 6509-6516.

[65] Fang Y M, Song J, Chen J S, et al. Gold nanoparticles for highly sensitive and selective copper ions sensing-old materials with new tricks[J]. Journal of Materials Chemistry, 2011, 21(22): 7898-7900.

[66] Ding N, Cao Q A, Zhao H, et al. Colorimetric assay for determination of lead (II) based on its incorporation into gold nanoparticles during their synthesis[J]. Sensors, 2010, 10(12): 11144-11155.

[67] Fan A P, Ling Y, Lau C W, et al. Direct colorimetric visualization of mercury (Hg^{2+}) based on the formation of gold nanoparticles[J]. Talanta, 2010, 82(2): 687-692.

[68] Ma Y R, Niu H Y, Zhang X L, et al. Colorimetric detection of copper ions in tap water during the synthesis of silver/dopamine nanoparticles[J]. Chemical Communications, 2011, 47(47): 12643-12645.

[69] Zhou Y, Wang S X, Zhang K, et al. Visual detection of copper (II) by azide- and alkyne-functionalized gold nanoparticles using click chemistry[J]. Angewandte Chemie (International Edition), 2008, 47(39): 7454-7456.

[70] Long Y J, Li Y F, Liu Y, et al. Visual observation of the mercury-stimulated peroxidase mimetic activity of gold nanoparticles[J]. Chemical Communications, 2011, 47(43): 11939-11941.

第2章 比色检测法检测阴离子

2.1 引　言

　　阴离子在生物体系中无处不在，在广泛的生化过程中扮演着十分重要的角色。近年来，阴离子在环境污染方面的影响越来越受到人们的广泛关注。因此，设计合成在环境、生物领域中具有重要作用的阴离子化学传感器，引起了诸多科研工作者的兴趣。特别是在近二十年内，这一发展尤其明显，人们投入了大量的时间与精力去开发阴离子受体，进而设计出各种能够快速识别和灵敏检测阴离子的探针。这些检测探针在环境、生物、医学和催化等学科领域有着重要的应用价值。

2.1.1　阴离子在生命体中的重要作用

　　众多的阴离子在生命、药物、催化和环境等方面具有十分重要的作用[1,2]。阴离子普遍存在于生物体系中，如氨基酸、多肽和核苷酸盐等都是具有代表性的有机阴离子化合物，而碳酸根、硝酸根和卤素离子等无机阴离子在生物体系中大量存在。此外，生物体内阴离子的跨膜转移和传递也都是通过阴离子结合蛋白完成的。

　　阴离子在广泛的生物化学过程中扮演着重要的角色，例如，氟是人体重要的微量元素之一，氟化物以氟离子的形态广泛分布于自然界。骨和牙齿中含有人体内大部分的氟，氟化物与人体生命活动及牙齿、骨骼组织代谢密切相关。少量的氟可以提高牙齿珐琅质对细菌酸性腐蚀的抵抗力，防治龋齿，因此水处理厂一般都会在生活饮用水中添加少量的氟。虽然氟缺乏会使牙病及其他病患者增多，但氟过量引起的病症同样不可忽视。氟中毒是一种严重危害人类健康的慢性地方病。在高氟地区，人或动物长期摄入过量的氟，蓄积在体内而发病，是一种以牙齿和骨骼损害为主并波及心血管和神经系统的全身性疾病。儿童氟中毒主要表现为氟斑牙，成人氟中毒主要表现为氟骨症。目前，研究报道了许多关于氟离子的选择性比色探针[3-9]。

　　磷是生命体最重要的元素之一，磷酸根(PO_4^{3-})与杂环的碱基、脱氧核糖一起构成 DNA，进而组成基因-生命的遗传物质。另外，磷及其衍生物，尤其是三磷酸腺苷(ATP)，在各种生物过程的能量利用和信号传导中扮演着重要的角色。在活体内 PO_4^{3-} 以氧原子作为电子给体与金属离子能形成金属配合物，事实上，当金属离子是硬的路易斯酸如 Mg^{2+} 或 Ca^{2+} 时，PO_4^{3-} 更容易与它们形成金属配合物。水介质中 PO_4^{3-} 的浓度，在水质量控制上是十分重要的指标。就超营养作用而言，PO_4^{3-} 是基本的营养物之一，水介质中 PO_4^{3-} 浓度的增加会导致浮游生物迅速生长，从而导致水华的发生。因此，快速、灵敏检测水介质中的 PO_4^{3-} 变得尤为重要[10]。

总而言之，由于阴离子在环境、医学、催化、生命及化学领域中有着举足轻重的作用，所以设计与合成能够快速、灵敏识别阴离子的探针，已引起人们的广泛关注。针对生物学和环境中重要的阴离子，设计与合成相应的比色探针，在工业生产(如监测追踪化学过程中的污染)、疾病诊断和治疗医学(监测电解、应急医学鉴定分析、光化学治疗法)、环境治理(环境检测与修复)等方面，具有广阔的应用前景。

2.1.2 阴离子的常规检测方法

目前，检测阴离子的方法主要有离子色谱法、原子吸收光谱法、溶出伏安法、极谱法、中子活化法、X 射线法等，这些检测方法具有较高的灵敏度和准确度，但是所使用的仪器较为昂贵或操作较为烦琐，且需要专业人员操作，无法满足大范围的检测需求。随着环境工程、食品和医疗的迅速发展，急切需要开发一些方便、快速、可靠、经济的阴离子检测分析新方法。

2.2 阴离子比色检测法

近年来，随着贵金属比色探针的不断发展，针对各种不同阴离子的特异性物质逐渐被开发，在阴离子的快速检测领域得到了广泛的应用。由于检测体系的不同，贵金属纳米粒子种类及形貌的选择、操作过程及修饰剂的选择均要求简单化、经济化，且具有良好的生物相容性等，同时这也是用比色检测法检测阴离子的未来发展方向。

2.2.1 第 V 主族阴离子的检测

第 V 主族又称氮族元素，氮族元素由氮、磷、砷、锑和铋五种元素组成。含有氮族元素的常见阴离子有硝酸根离子(NO_3^-)、亚硝酸根离子(NO_2^-)、磷酸根离子(PO_4^{3-})、焦磷酸根离子(PPi)等。

亚硝酸盐广泛存在于人类环境中，是自然界中最普遍存在的含氮化合物。硝酸盐在微生物的作用下可被还原为亚硝酸盐，食入 0.3～0.5g 的亚硝酸盐就会引起中毒，食入 3g 可导致死亡。亚硝酸盐中毒是指由食用硝酸盐或亚硝酸盐含量较高的腌制肉制品、泡菜及变质的蔬菜等，或误将工业用亚硝酸盐作为食盐食用引起的中毒反应。研究表明，作为防腐剂而应用在肉质食品中的亚硝酸盐是一种致癌物。美国西北大学 Mirkin 等设计了两种功能化的 AuNPs[11]：苯胺修饰的 AuNPs和萘修饰的 AuNPs，如图 2.1 所示。苯胺与萘在 NO$_2^-$ 的作用下发生格里斯反应，导致 AuNPs 聚集，伴随着溶液颜色由红色变为蓝色，基于此机理可实现对 NO$_2^-$的比色检测。此外，该检测体系在 11 种阴离子中只对 NO$_2^-$具有特异响应性。

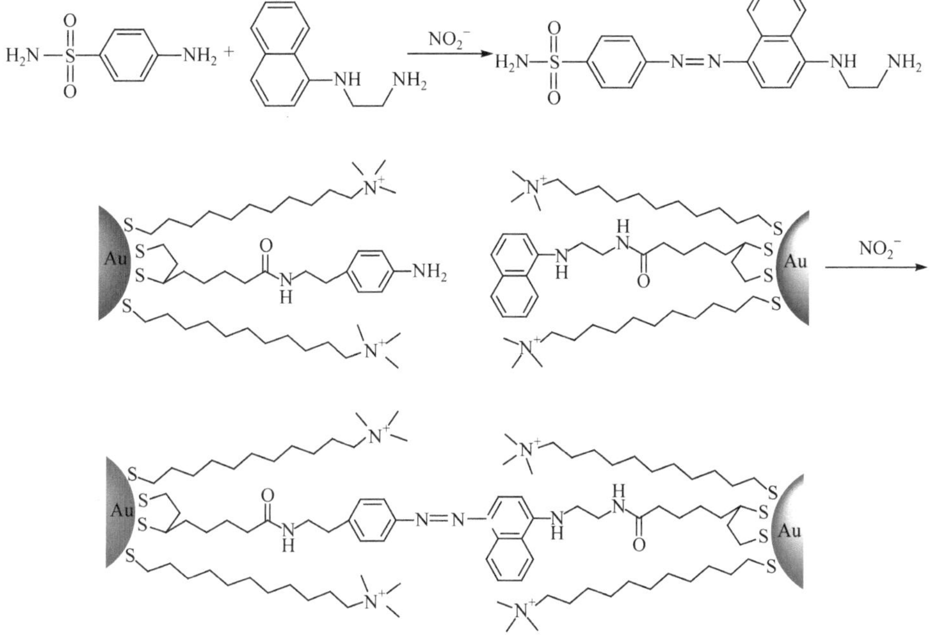

图 2.1　基于格里斯反应检测 NO$_2^-$的机理示意图[11]

美国爱荷华州立大学于辰旭等将 4-氨基苯硫酚修饰到金纳米棒(AuNRs)上作为比色传感器，通过非交联聚合反应机理可以快速、高灵敏地检测 NO$_2^-$(图 2.2)[12]。AuNRs 在 NO$_2^-$的作用下，溶液的颜色由红色转变为紫色。该检测体系对 NO$_2^-$的检测限可以达到 5.2μmol/L。

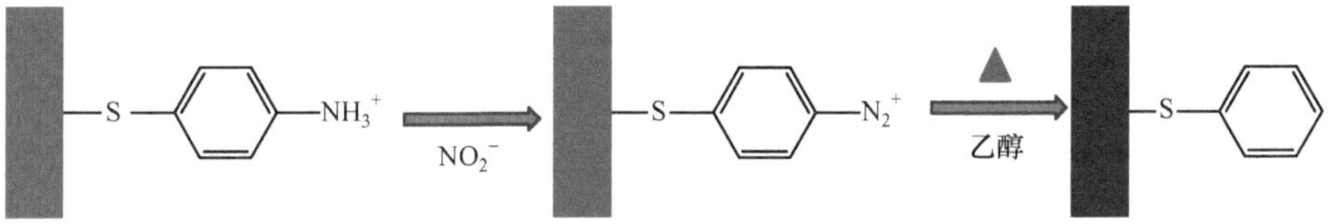

图 2.2　基于金纳米棒快速检测 NO$_2^-$的机理示意图[12]

中国科学院宁波材料技术与工程研究所吴爱国研究组的李天华等[13]合成了一种银核金壳纳米颗粒，通过刻蚀机理比色检测 NO$_2^-$(图 2.3)。该纳米颗粒在 NO$_2^-$

的作用下，金壳被缓慢氧化刻蚀，从而导致溶液的颜色由深紫色变为红色，裸眼检测限为 1μmol/L，紫外-可见吸收光谱检测限为 0.1μmol/L。此外，研究人员还将这种检测方法成功应用于实际水样中 NO_2^- 的快速、灵敏检测，检测结果优于美国国家环境保护局的检测标准(21.7μmol/L)。

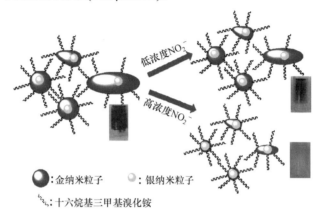

图 2.3　银核金壳纳米粒子比色检测 NO_2^- 的机理示意图[13]

河南工程学院叶英杰等[14]采用抗聚集机理比色检测 NO_2^-，如图 2.4 所示。将柠檬酸钠还原制备的金纳米颗粒加入 4-氨基苯硫酚(4-ATP)中，通过 Au—S 和 Au—N 键使金纳米颗粒迅速发生聚集现象，金纳米粒子溶液的颜色由红色变为紫色；如果在聚集之前先加入 NO_2^-，由于 NO_2^- 容易与 4-ATP 的氨基反应生成重氮阳离子，金纳米颗粒无法与 4-ATP 反应，金纳米粒子溶液的颜色保持红色。通过该机理检测 NO_2^- 的裸眼检测限达 10μmol/L，紫外-可见吸收光谱检测限为 1μmol/L。

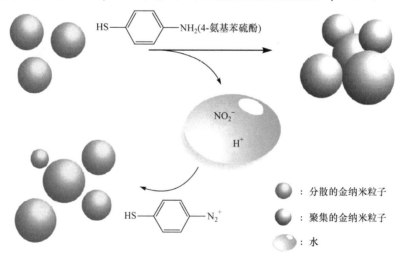

图 2.4　基于抗聚集机理比色检测 NO_2^- 的机理示意图[14]

　　焦磷酸盐易溶于水，不溶于乙醇和其他有机溶剂，其水溶液在70℃以下尚稳定，煮沸则会水解生成磷酸氢二根离子。焦磷酸盐作为重要的食品配料和功能添加剂，被广泛用于食品加工中。猪肉等肉类罐头在加热过程中易释放出硫化氢，与罐内铁离子反应生成黑色的硫化铁，影响成品品质，可加入复合磷酸盐(焦磷酸钠60%、三聚磷酸钠40%)，利用其很好的螯合金属离子的作用，改善成品品质。此外，焦磷酸盐还用于电镀、毛纺、造纸、印染、机械加工、石油等行业中。

　　中国科学院化学研究所毛兰群等利用Cu^{2+}与半胱氨酸(Cys)和PPi之间的竞争配位，实现了关节炎患者滑液中PPi的比色检测[15]，如图2.5所示。Cys功能化的AuNPs溶液为红色，而Cu^{2+}与Cys的配位作用会诱导AuNPs聚集形成蓝色溶液。之后，PPi作为竞争配体结合聚集体中的Cu^{2+}，使得聚集体解离，得到分散的AuNPs，溶液变为酒红色，由此实现了对PPi的比色检测。此外，该检测体系还成功应用于关节炎滑液中PPi的定性、定量检测。该工作为PPi传感器/体系的临床应用提供了一定的理论依据，为关节炎病的临床诊断提供了简便、快速的方法。

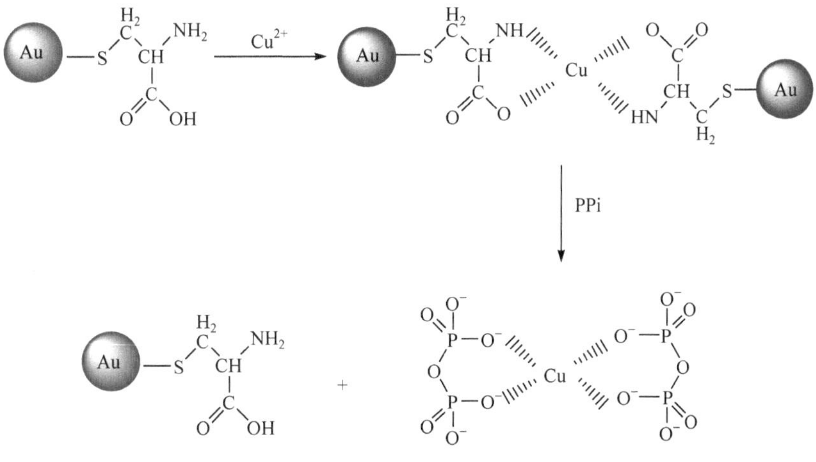

图2.5　Cu^{2+}与纳米金颗粒表面的Cys和PPi的竞争配位示意图[15]

　　正是基于Cu^{2+}和PPi对Cys-AuNPs引发的聚集和解聚原理，该课题组将上述体系应用于焦磷酸酶(PPase)活性的实时检测[16]，如图2.6所示。在相继加入Cu^{2+}和PPi的金纳米粒子分散体系中，利用PPase催化PPi水解生成Pi并释放出Cu^{2+}，Cu^{2+}与半胱氨酸配位导致聚集体的再次形成，伴随着溶液颜色从红色向蓝色的转变。PPase的加入促使金纳米粒子在聚集和分散两种状态之间完成可逆转化，并借助两种状态下最大吸收波长的比值变化，实现了对PPase活性的实时检测，这也是首次基于金纳米粒子利用比色检测法检测PPase活性的报道。

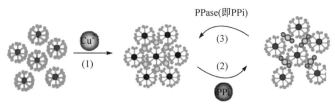

图 2.6　焦磷酸酶调控下 Cu^{2+}与 AuNPs 表面的 Cys 以及 PPi 之间的可逆竞争配位[16]

郑州大学于明明等合成了一种对 PPi 具有特异选择吸附性的锌配合物 ZnLCl$_2$，PPi 的引入使配合物溶液的颜色由红色变为无色，从而实现了对 PPi 的比色检测[17]。此外，研究组还将该配合物制成纳米纤维纸，可以实时、现场、快速检测 PPi，与复杂的仪器相比节约了成本。

韩国中央大学 Han 等利用竞争配位策略构筑了基于 AuNPs 的 PPi 比色传感体系[18]，如图 2.7 所示。有机磷酸功能化的 AuNPs(2-AuNPs)为信号单元，二氨甲基吡啶-Zn^{2+}配合物([3-Zn]$^{4+}$)为 PPi 受体基团。在 pH 为 7 的缓冲体系中，[3-Zn]$^{4+}$与 2-AuNPs 表面的磷酸基团的配位结合诱导纳米组装体(AuNPs-S)的形成，同时伴随着溶液颜色从红色到蓝色的转变。PPi 与[3-Zn]$^{4+}$共存时，由于两者有很强的亲和力，[3-Zn]$^{4+}$不引起金纳米粒子的聚集，溶液保持红色。因此，基于 AuNPs 抗聚集机理实现了对 PPi 的比色检测，检测限为 146nmol/L。

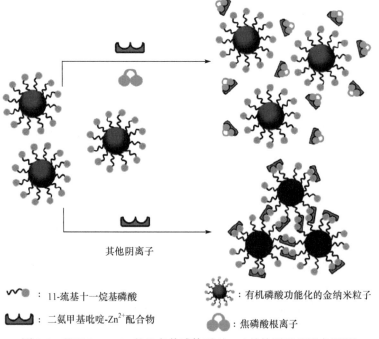

其他阴离子

～～：11-巯基十一烷基磷酸　　　　：有机磷酸功能化的金纳米粒子

：二氨甲基吡啶-Zn^{2+}配合物　　　　：焦磷酸根离子

图 2.7　基于 2-AuNPs 的比色传感体系对 PPi 的检测机理示意图[18]

　　该研究组在后续工作中再次构筑了以 2-AuNPs 为信号基团和载体、二吡啶胺 (DPA) 功能化的 3Cu^{2+}-4 为受体分子的比色传感体系[19]，如图 2.8 所示。研究表明，该传感体系能够快速而特异地检测出 PPi，检测限为 320nmol/L，其他含磷阴离子的存在不对 PPi 的检测产生干扰。

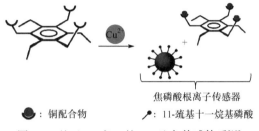

●：铜配合物　　　　📍：11-巯基十一烷基磷酸

图 2.8　基于 3Cu^{2+}-4 的 PPi 比色传感体系[19]

　　中国科学技术大学崔华等以 N-(氨基丁基)-N-乙基异氨基苯二酰肼为化学发光试剂、Cys 为 Cu^{2+} 配体，在中性条件下捕获 Cu^{2+} 之后制备了双功能化的 AuNPs[20]，如图 2.9 所示。由于 Cys、Cu^{2+}、AuNPs 对 Cys-H$_2$O$_2$ 化学发光系统的协同催化作用，Cu^{2+}-Cys/5-AuNPs 的化学发光强度比 5-AuNPs 增强了 354 倍。PPi 与 Cu^{2+} 之间更强的亲和能力使 Cu^{2+} 从 AuNPs 表面解离，导致 AuNPs 发光强度急剧减弱。Cu^{2+}-Cys/5-AuNPs 可作为 PPi 的化学发光传感体系，实现对 PPi 高选择性、高灵敏的检测，检测限为 3.6nmol/L。该传感体系已应用于人体血浆样品中 PPi 的检测。

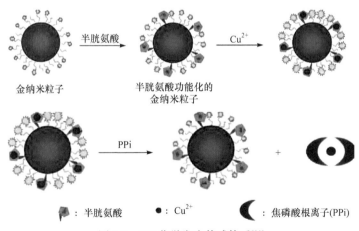

金纳米粒子　　　　　半胱氨酸功能化的
　　　　　　　　　　金纳米粒子

📍：半胱氨酸　　　●：Cu^{2+}　　　🌙：焦磷酸根离子(PPi)

图 2.9　PPi 化学发光传感体系[20]

　　韩国浦项科技大学 Ahn 等将 Zn^{2+}-DPA 功能化的硅纳米粒子作为分子识别受体，以邻苯二酚紫(PV)为指示剂，两种分子元件在 pH 为 7 的四羟乙基哌嗪乙磺酸(HEPES)缓冲溶液中自组装成为 PPi 比色传感器，其溶液为蓝色[21]，如图 2.10所示。PPi 加入之后与 Zn^{2+}-DPA 的竞争配位使 PV 从传感体系中解离，从而导致溶液颜色逐渐恢复至黄色，这种比色传感体系对 PPi 表现了特异选择性。

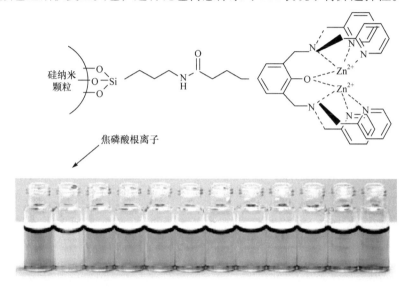

图 2.10　基于硅纳米粒子的比色传感体系[21]

　　该研究组还利用聚丁二炔(PDA)分子在外界环境刺激下能够从蓝色向红色转变的独特性质，构筑了高选择性的 PPi 比色、荧光传感体系[22]，如图 2.11 所示。首先合成基于丁二炔的胺类以及 Zn(DPA) 功能化的胺类，两种单体对应的脂质体在 pH 为 7 的溶液中 1∶1 混合之后，依次通过超声自组装、紫外光辐射下的交联聚合以及与 Zn^{2+}的配位，得到蓝色溶液，Pi 和 PPi 的加入使溶液变为紫色，其他离子不能引起任何颜色改变。然后将 Zn^{2+}配合物固定于醛基修饰的玻璃表面，制成脂质体微阵列芯片，该芯片通过红色荧光的增强对 1pmol/L 浓度的 PPi 具有选择性的响应，而同浓度的 Pi 不能引起任何变化。

　　美国佛罗里达大学 Schanze 等设计了基于聚阳离子电解质的比率型传感体系[23]，如图 2.12 所示。研究表明，PPi 与多胺阳离子的结合导致聚合物从链状自由态向聚集态转变，同时伴随最大吸收波长和最大发射波长的红移，由此实现对 PPi 的比色、荧光传感。该传感器对 PPi 的检测限为 340nmol/L，这种比率型传感器能区分 Pi 溶液中的 PPi。

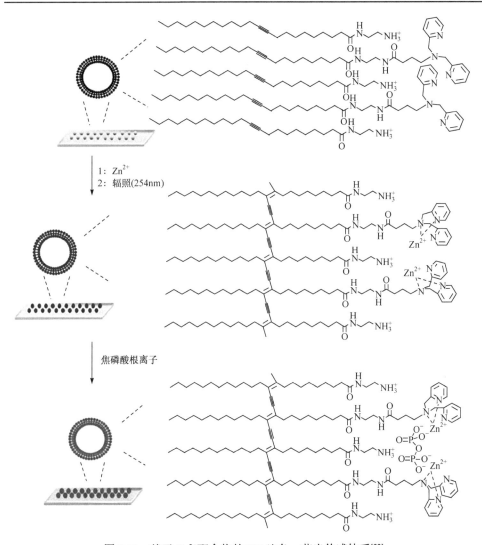

图 2.11　基于 Zn²⁺配合物的 PPi 比色、荧光传感体系[22]

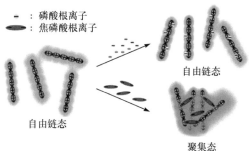

图 2.12　基于聚阳离子电解质的 PPi 比率型荧光传感体系[23]

2.2.2 第Ⅵ主族阴离子的检测

第Ⅵ主族又称为氧族元素，由氧、硫、硒、碲和钋五种元素组成。含有氧族元素的阴离子主要有硫离子(S^{2-})、硫酸根离子(SO_4^{2-})等。

地下水(特别是温泉水)及生活污水常含有硫化物，其中一部分是在厌氧条件下，由于微生物的作用使硫酸盐还原或含硫有机物分解而产生。焦化、造气、造纸、印染和制革等工业废水中也含有硫化物。水中硫化物包含溶解性的硫化氢、酸溶性的金属硫化物、不溶性的硫化物以及有机硫化物。通常测定的硫化物是指溶解性和酸溶性的硫化物。硫化氢具有强烈的臭鸡蛋气味，其毒性较大，可危害细胞色素、氧化酶，造成细胞组织缺氧，甚至危及生命。因此，硫化物是水体污染的重要指标之一。

印度古吉拉特大学 Menon 等成功将杯芳烃二硫代氨基甲酸酯修饰于 AuNPs 表面[24]，如图 2.13 所示。该比色传感器通过氢键作用对 S^{2-}具有特异选择性。在 S^{2-}的作用下，金纳米粒子溶液的颜色由酒红色转变为亮黄色，对比度非常明显。实验证明，该检测方法对石油或废水中硫化物的测定具有一定的实际意义。

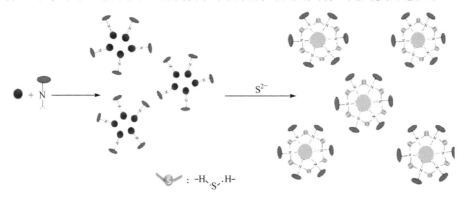

图 2.13　杯芳烃二硫代氨基甲酸酯修饰的金纳米粒子比色检测 S^{2-}的机理示意图[24]

中国科学院长春应用化学研究所李壮等开发了一种简单而新颖的方法用于 S^{2-}的比色检测[25]，如图 2.14 所示。该检测方法基于银离子(Ag^+)氧化 3,3′,5,5′-四甲基联苯胺(TMB)产生明显的蓝色变化，S^{2-}加入后能与 Ag^+结合得到硫化银纳米颗粒，Ag_2S 纳米颗粒作为催化剂，增强了 Ag^+对 TMB 的氧化作用，导致在 652nm 处的吸光度明显增强。该检测方法选择性良好，裸眼检测限达到 8nmol/L，紫外-可见吸收光谱检测限为 0.2nmol/L。此外，研究人员还将该检测方法成功应用于实际水样中硫化物的检测。由于该检测方法具有灵敏度高、选择性好、无需制备纳米材料等优点，对未来比色检测的发展具有一定的指导与推动作用。

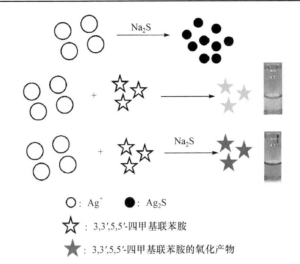

○: Ag⁺　●: Ag₂S

☆: 3,3′,5,5′-四甲基联苯胺

★: 3,3′,5,5′-四甲基联苯胺的氧化产物

图 2.14　基于硫化银纳米粒子的比色检测法检测 S²⁻[25]

印度 SASTRA 大学 Veerappan 等采用环丙沙星为修饰剂、硼氢化钠为还原剂合成银纳米颗粒(AgNPs)，用于 S²⁻的检测[26]，如图 2.15 所示。该检测体系可以达到 16nmol/L 的裸眼检测限及 0.112nmol/L 的紫外-可见吸收光谱检测限，这一检测结果远远低于世界卫生组织对安全饮用水中 S²⁻规定的标准。此外，该研究组还开发出高灵敏度和高选择性的纳米银棉棒，作为一种较为便携的 S²⁻比色传感器，这种纳米银棉棒可以在环境监测、诊断和食品安全领域内推广使用。

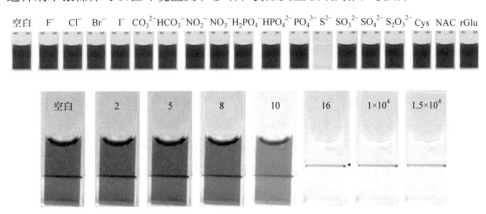

图 2.15　环丙沙星修饰的银纳米粒子检测 S²⁻的选择性及裸眼检测限[26](单位：nmol/L)

中国科学院宁波材料技术与工程研究所吴爱国研究组的董晨等[27]开发了一种智能手机与纳米传感器联用技术用于快速检测水体中的硫代硫酸根离子(S₂O₃²⁻，在酸性条件中易水解生成有毒的 S²⁻)，如图 2.16 所示。采用鞣酸(TA)功能化修饰制备

AgNPs，由于 $S_2O_3^{2-}$ 引入后与 TA 上的酚羟基发生化学反应，生成 S^{2-}，随后 S^{2-} 与溶液中存在的 Ag^+ 发生沉淀反应，生成 Ag_2S 沉淀附着于 AgNPs 表面，导致溶液颜色发生从黄色到褐色的明显变化。采用智能手机快速提取溶液的 RGB 值，通过计算可以得到溶液中 $S_2O_3^{2-}$ 的浓度。该检测体系可以达到 $0.2\mu mol/L$ 的检测限。由于该方法操作简单、无需大型复杂仪器，有望应用于现场、实时、快速的检测与监测。

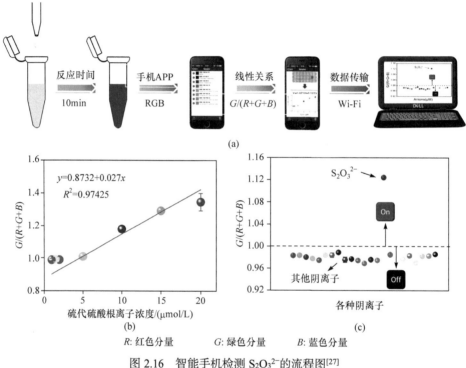

R: 红色分量　　　　　G: 绿色分量　　　　　B: 蓝色分量

图 2.16　智能手机检测 $S_2O_3^{2-}$ 的流程图[27]

硫是一种变价元素，在自然界可以呈不同的价态，形成不同的矿物。目前已知的硫酸盐矿物有 170 余种，占地壳总质量的 0.1%。大气中硫酸盐形成的气溶胶对材料有腐蚀破坏作用，危害动植物健康，随降水到达地面以后，会破坏土壤结构，降低土壤肥力，对水系统也有不利影响。生活污水、化肥、含硫地热水、矿山废水、制革、造纸或硫酸工业废水中均含有大量的硫酸盐。大量摄入硫酸盐后出现的最主要生理反应是腹泻、脱水和胃肠道紊乱[28]。华东理工大学叶邦策等采用巯基乙胺作为修饰剂制备 AuNPs，用于比色检测 SO_4^{2-} [29]，如图 2.17 所示。SO_4^{2-} 可以诱导 AuNPs 发生聚集，导致溶液颜色由酒红色变为紫色。该传感器对 SO_4^{2-} 的检测限达 $50\mu g/L$。

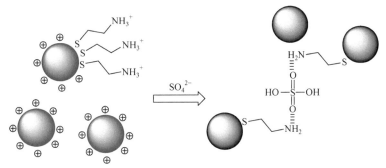

图 2.17　巯基乙胺修饰的 AuNPs 检测 SO_4^{2-} 机理示意图[29]

俄罗斯莫斯科国立大学 Apyari 等设计了一种比色探针用于检测 SO_4^{2-}[30]，如图 2.18 所示。将聚 *N,N*-二甲基六亚甲基亚胺溴化物修饰于 AuNPs 上，使得 AuNPs 带正电荷，由于 SO_4^{2-} 的加入，正负电荷相互作用，导致 AuNPs 发生明显的聚集现象，AuNPs 溶液的颜色由红色变为紫色，整个检测过程在 2min 内完成。检测限达 0.06mg/mL，已成功应用于实际水样中 SO_4^{2-} 的检测。

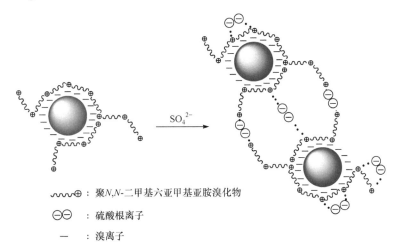

　　⌇⊕：聚*N,N*-二甲基六亚甲基亚胺溴化物

　　⊖⊖：硫酸根离子

　　—　：溴离子

图 2.18　聚 *N,N*-二甲基六亚甲基亚胺溴化物修饰的 AuNPs 检测 SO_4^{2-} 机理示意图[30]

2.2.3　第Ⅶ主族阴离子的检测

第Ⅶ主族又称卤素，由氟、氯、溴、碘和砹五种元素组成。还有一类化学性质与卤素相近的元素称为拟卤素，如硫氰、硒氰、氧氰、氰等。常见的卤素和拟卤素阴离子有氟离子(F^-)、氯离子(Cl^-)、溴离子(Br^-)、碘离子(I^-)、氰根离子(CN^-)、硫氰根离子(SCN^-)等。

　　氟广泛存在于自然水体中，人体各组织中均含有氟，但主要积聚在牙齿和骨骼中。适量的氟是人体所必需的，而过量的氟对人体有危害作用。氟化钠对人的致死量为 6～12g,饮用水中含 2.4～5mg 则可出现氟骨症。日本高知大学 Watanabe 等[3]将巯基葡萄糖修饰于 AuNPs 表面，作为比色探针检测 F⁻，如图 2.19 所示。在 F⁻的存在下，聚集机理会导致 AuNPs 的 SPR 吸收峰发生红移，溶液的颜色从红色变为蓝色。该检测体系可以比色检测水溶液中 20～40mol/L 浓度范围内的 F⁻，而其他卤素离子不存在干扰反应。

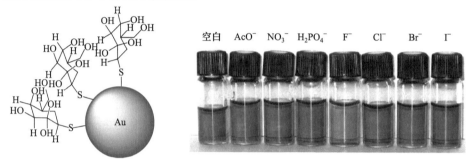

图 2.19　巯基葡萄糖修饰的 AuNPs 比色检测水中的 F⁻[3]

　　南京大学白志平等制作了一种钌(Ru)基化学传感器，用于检测 F⁻[4]，如图 2.20 所示。该传感器是在乙腈溶液中加入 F⁻，氟化物阴离子的质子转移引起偶氮苯酚互变异构体的形成，导致溶液的颜色从橙色变为蓝紫色。此外，该研究组还制备出相应的 F⁻检测试纸，检测限达 10mg/L，达到了快速、低成本检测 F⁻的目的。

图 2.20　钌基化学传感器检测 F⁻的机理示意图[4]

　　韩国釜山大学 Ha 等设计合成了一种含有噻唑啉的 Co^{2+} 络合物，用于比色、荧光检测 F⁻[5]。该络合物在 520nm 的激发波长下，加入 F⁻会显示出选择性的荧光变化，且伴随着浅粉色至蓝色的颜色转变，其他阴离子不存在干扰反应。湖南大学杨荣华等设计了一种新型 F⁻传感体系[6]，如图 2.21 所示。含硅螺吡喃染料与 F⁻之间会触发亲核取代反应，致使硅氧键断裂，从而导致溶液颜色由无色变为橙黄色，且具有优于其他阴离子的选择性；在氧化石墨烯(GO)的存在下，该染料对 F⁻的响应时间从 180min 缩短至 30min，检测限也降低了一个数量级(0.86μmol/L)。

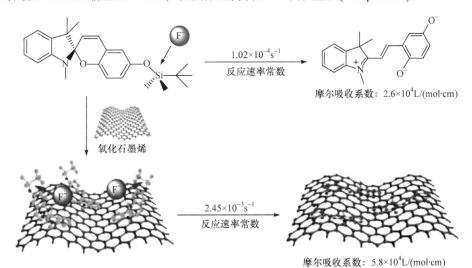

图 2.21　染料与氧化石墨烯组装体检测 F⁻的机理示意图[6]

印度马杜赖卡玛拉大学 Chellappa 等设计了一种高选择性的比色、荧光 F⁻传感体系[7]，如图 2.22 所示。首先合成出罗丹明基的配合物 RDF-1，该配合物溶液为无色，紫外-可见吸收光谱中未见明显吸收峰。F⁻的引入导致 RDF-1 发生开环反应，溶液的颜色由无色转变为粉红色，紫外-可见吸收光谱中 500nm 处可以观察到明显的吸收峰。此外，F⁻还使 RDF-1 的荧光增强，从而实现用荧光法检测 F⁻。该检测体系成功用于实际样品中 F⁻的检测，以及海拉(HeLa)细胞的成像。

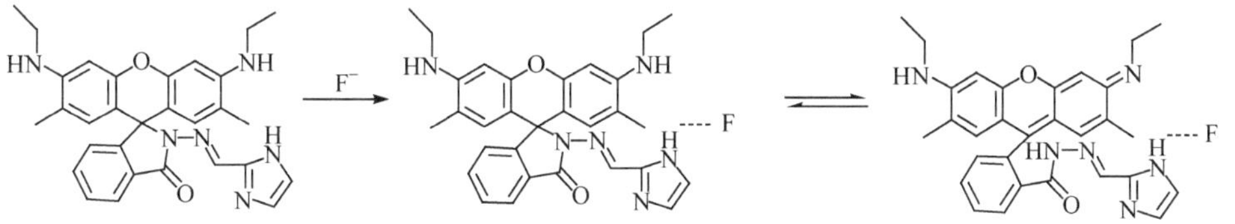

图 2.22　基于罗丹明配合物的比色、荧光 F⁻传感体系[7]

印度卡纳塔克邦国家技术研究所 Trivedi 等构筑了一种基于苯甲酰肼的 F⁻比色传感器[8]，如图 2.23 所示。受体分子中存在两个羰基，使得—NH 质子呈高度酸性,因此这些受体能够与水分子竞争以结合 F⁻,显示出从无色到黄色的明显颜色变化。该传感器的反应机理是通过去质子化形成酰亚胺酸中间体,利用分子内电荷转移形成稳定的复合物。F⁻的检测限达 26.3μmol/L,可在海水中定量检测氟化物,证明了其具有潜在的实际应用价值。

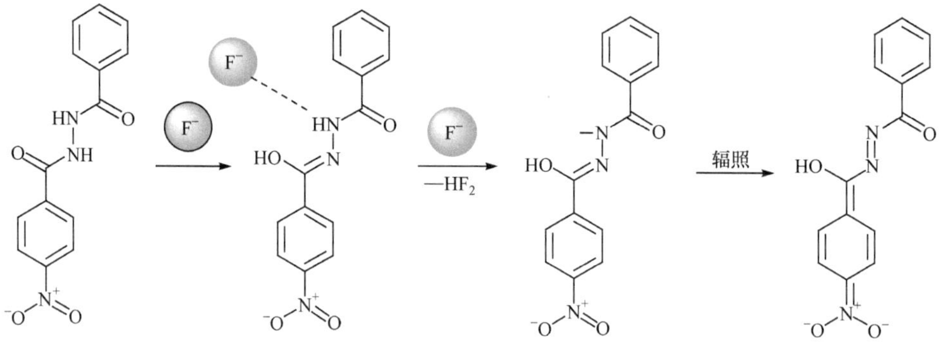

图 2.23　基于分子内电荷转移检测 F⁻[8]

南京工业大学胡永红等设计了一种基于 1,8-萘二甲酰亚胺衍生物的高选择性比色、比率型荧光 F⁻探针[9],如图 2.24 所示。F⁻加入后,该探针在 110nm 荧光发射条件下出现明显的红移,同时伴随着溶液的颜色从无色变为黄色。这归因于 F⁻与硅原子的相互作用,引发了 Si—O 键的裂解,并还原 4-羟基-N-丁基-1,8-萘二甲酰亚胺化合物。

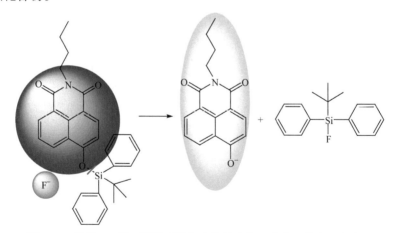

图 2.24　基于1,8-萘二甲酰亚胺衍生物的比色、比率型荧光 F⁻探针[9]

单质碘具有毒性和腐蚀性,主要用于制备药物、染料、碘酒、试纸和碘化物等。碘是人体必需的微量元素之一,有"智力元素"之称。健康成人体内碘的总量约为 30mg,其中 70%～80% 存在于甲状腺中。人体缺碘会引起甲状腺肿大,摄入过多的碘则会引起甲亢。中国科学院长春应用化学研究所杨秀荣等制备了 Cu@AuNPs[31]，由于 I⁻的引入，纳米粒子之间的范德瓦耳斯力增强，表面电位降低，诱导纳米粒子产生聚集/融合、碎裂和原子重组(图 2.25)。溶液的颜色由紫色变为红色，可以在 20min 内比色识别 6μmol/L 的 I⁻。

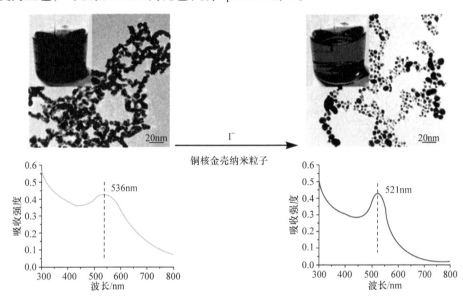

图 2.25　Cu@AuNPs 比色检测 I⁻[31]

闽南师范大学刘佳明等[32]设计了一种基于刻蚀机理的 I⁻比色传感器，如图 2.26 所示。在金纳米棒(AuNRs)溶液中加入一定量的 Fe³⁺，I⁻可以催化 Fe³⁺从而加速刻蚀 AuNRs，导致纳米颗粒的形貌发生改变，同时伴随着溶液颜色发生明显的变化。研究人员利用该检测体系对食盐中的 I⁻进行了定量分析，检测限达 80nmol/L。

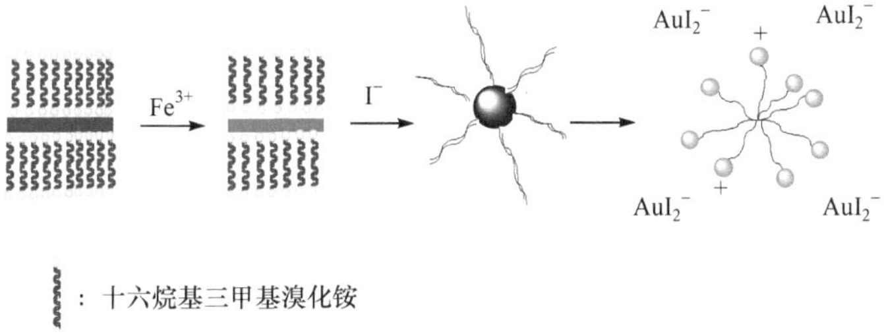

AuI_2^-　AuI_2^-

Fe^{3+}　I⁻

AuI_2^-　AuI_2^-

〰〰〰：十六烷基三甲基溴化铵

图 2.26　基于刻蚀机理的 I⁻比色传感器[32]

青岛科技大学李峰等设计了一种基于抗聚集机理检测 I⁻的比色探针[33]，如图 2.27 所示。在 Hg²⁺的存在下，单链 DNA 与 Hg²⁺结合成刚性的发夹结构，此时高浓度的 NaCl 溶液会诱导金纳米颗粒发生聚集；如果在此之前先加入 I$^-$, 则 I$^-$与 Hg^{2+}优先结合，使得单链 DNA 包裹金纳米颗粒，NaCl 溶液诱导聚集失败。I$^-$的检测限达 13nmol/L。

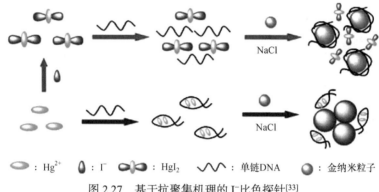

: Hg^{2+} : I$^-$: HgI$_2$: 单链DNA   : 金纳米粒子

图 2.27 基于抗聚集机理的 I$^-$比色探针[33]

云南大学曹秋娥等设计了一种基于柠檬酸盐稳定的纳米银三角片的 I$^-$比色传感器[34]，该传感器高度敏感、准确，如图 2.28 所示。低浓度的 I$^-$可以通过融合作用使纳米银三角片转变为银纳米颗粒，伴随着溶液颜色由蓝色向黄色转变。这种比色检测法的原理有别于传统的比色检测法，是在变色过程中寻找临界颜色的一种新型比色检测法，具有较高的准确度、稳定性和重现性，裸眼检测限为 0.1μmol/L，紫外-可见吸收光谱检测限为 8.8nmol/L。这种新的比色检测法将为 I$^-$的简单、快速、可靠检测开辟新的思路，在生物化学分析或临床诊断中具有广阔的应用前景。

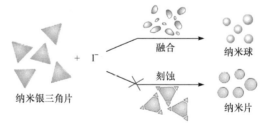

纳米银三角片   + I$^-$ 融合   纳米球
                        刻蚀   纳米片

图 2.28 纳米银三角片用于比色检测 I$^-$的传感体系[34]

印度国家技术学院 Sahoo 等设计了一种基于聚集和抗聚集机理选择性检测 I$^-$和 Br$^-$的比色检测体系[35]，如图 2.29 所示。在 Fe^{3+}的存在下，银纳米颗粒中加入 I$^-$，溶液颜色由黄色变为无色；在 Cr(Ⅲ)的存在下，银纳米颗粒发生聚集现象，颜色由黄色变为橙色，此时加入 I$^-$或 Br$^-$，溶液颜色恢复为黄色。该检测体系在这两种途径下，I$^-$的检测限分别为 0.32μmol/L 和 1.32μmol/L。同时，Br$^-$的检测限达 1.67μmol/L。

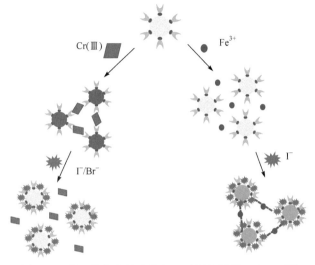

图 2.29　基于聚集和抗聚集机理选择性检测 I⁻和 Br⁻[35]

中国科学院烟台海岸带研究所陈令新等设计了一种基于抗聚集机理检测 I⁻的方法[36]，如图 2.30 所示。该检测方法通过具有距离依赖性光学特性的金纳米颗粒修饰含有巯基官能团的胸腺嘧啶，由于 Hg^{2+} 与胸腺嘧啶有良好的交联作用，金纳米颗粒发生聚集，伴随着溶液颜色由红色变为蓝色；在 Hg^{2+} 和 I⁻同时存在的情况下，由于 Hg^{2+} 与 I⁻的亲和力更强，金纳米颗粒不会发生聚集。该检测体系在最优条件下，I⁻的检测限达 10nmol/L，且其他卤素离子对 I⁻的检测不产生干扰。

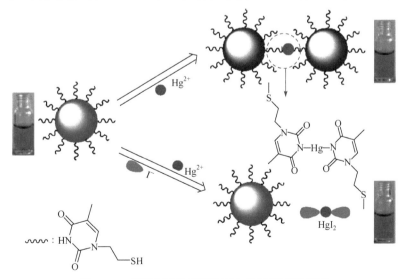

图 2.30　基于抗聚集机理检测 I⁻的机理示意图[36]

　　氰化物广泛存在于自然界，尤其是生物界中。它拥有令人生畏的毒性，其毒性与CN⁻对重金属离子的超强络合能力有关。CN⁻主要与细胞色素P450中的金属离子结合，从而使其在呼吸链中失去传递电子的能力，进而使中毒者死亡。由于CN⁻可以通过多种途径进入人体，如皮肤吸收、伤口侵入、呼吸道吸入、误食等，环保部门针对电镀、冶金、煤气等行业排放的工业废水中CN⁻的浓度进行了严格的限定。

　　韩国中央大学 Han 等基于三磷酸腺苷修饰的金纳米粒子簇及铜-邻菲咯啉形成的配合物检测体系实现了对水相中 CN⁻的比色检测[37]，如图 2.31 所示。加入CN⁻后，由于 Cu^{2+} 与 CN⁻之间强烈的配位作用，铜-邻菲咯啉分解释放出游离的 Cu^{2+} 及邻菲咯啉，这些游离的邻菲咯啉诱导三磷酸腺苷稳定的金纳米粒子簇聚集，导致溶液颜色发生变化，从而实现对 CN⁻的识别，检测限为 10μmol/L。

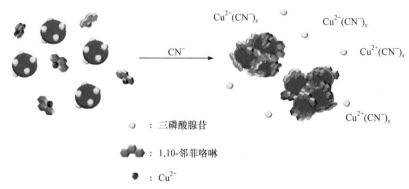

图 2.31　三磷酸腺苷修饰的金纳米粒子簇检测 CN⁻的机理示意图[37]

　　武汉大学李振等设计合成了基于功能化 AuNPs 的 CN⁻荧光探针,将咪唑基荧光团物质修饰至 AuNPs 上，荧光淬灭；加入 CN⁻后，AuNPs 溶解，生成金-氰络合物，释放出蓝色荧光，将该检测体系应用于各种水样中 CN⁻的检测[38]，均得到了很好的结果，实现了对水中 CN⁻的单一选择性荧光检测，检测限为 0.3μmol/L，且不受其他离子干扰。复旦大学李富友等设计了基于铱配合物的纳米荧光探针[39]，如图 2.32 所示。加入 CN⁻后，受体与供体之间的荧光共振能量转移受到阻碍，溶液颜色由红色转变为无色，同时上转换荧光纳米粒子的荧光强度增强，实现了对CN⁻的特异性检测，检测限为 0.18μmol/L。

　　台湾逢甲大学 Chang 等设计了一种以蒽醌为信号单元、硫脲为结合位点的化学传感器 S1[40]，如图 2.33 所示。该传感器在 50% 的二甲基亚砜(DMSO)水溶液中检测 CN⁻时，溶液的颜色由粉红色变为蓝色。这种颜色变化是由阴离子与传感器之间的相互作用引起的，该研究组通过实验证明这种作用力是氢键作用，是由S1 和硫脲结合位点的去质子化导致的。同时，该传感器在 20% 的 DMSO 水溶液中

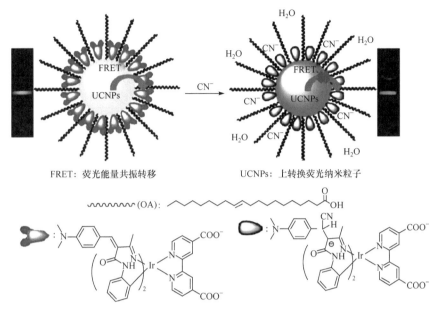

图 2.32 基于铱配合物的上转换荧光纳米探针[39]

也可以检测 F⁻、Ac⁻和苯甲酸。此外，研究人员还制备了 S1 图层试纸，用于低成本、快速地比色检测氰化物。

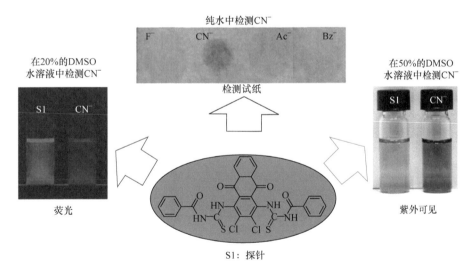

图 2.33 用化学传感器 S1 检测 CN⁻[40]

韩国忠南大学 Son 等开发了一种共轭萘醌-苯并噻唑(R)体系[41]，如图 2.34 所示。将该检测体系用于 80% 二甲基甲酰胺(DMF)水溶液中氰化物的检测时，CN⁻

与受体之间发生亲核加成反应，导致溶液的颜色由黄色向无色转变，可通过裸眼或者荧光测定 CN⁻ 的浓度，R 的光学性质不受其他常见阴离子的影响，CN⁻ 的检测限达 0.497μmol/L，远远低于世界卫生组织规定的限值(1.9μmol/L)。此外，研究人员还将 R 制成检测试纸，该试纸具有灵敏度高、价格低、易于制备等优点。

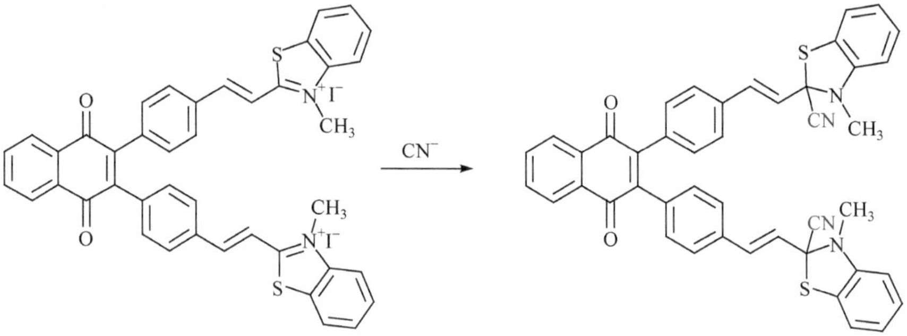

图 2.34　共轭萘醌-苯并噻唑(R)体系检测 CN⁻ 的机理示意图[41]

　　湘潭大学陈红飙等基于七叶素花青染料合成了两种简单的化学探针(P1 和 P2)，用于含水介质中 CN⁻ 的高灵敏、高选择性检测[42]。对 CN⁻ 具有特异性亲核反应的吲哚盐修饰的探针在近红外(NIR)区域(650~850nm)出现吸收带。在 CN⁻ 存在下，探针的吸收峰发生蓝移，溶液的颜色由绿色变为亮黄色，如图 2.35 所示，即使在其他干扰离子如 F⁻、Br⁻、NO₂⁻、Cl⁻、SO₄²⁻、I⁻ 存在的条件下，该探针的荧光强度和 CN⁻ 浓度之间依旧存在良好的线性关系，P1 和 P2 探针对 CN⁻ 的检测限分别为 0.017μmol/L 和 0.2μmol/L。此外，研究人员还将 P2 用于细胞成像，成功实现了活细胞 L929 中 CN⁻ 的检测。

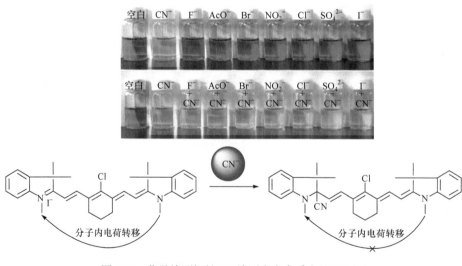

图 2.35　化学检测探针(P1)检测含水介质中的 CN⁻[42]

韩国国立首尔大学 Kim 等设计并合成了一种基于 4-二乙基氨基水杨醛和噻吩-2-碳酰肼的 Co^{2+}、Cu^{2+}、CN^- 多功能化学传感器[43]，如图 2.36 所示。该传感器与 Co^{2+} 或者 Cu^{2+} 反应后，溶液的颜色由无色变为黄色。研究表明该体系与 Co^{2+} 或 Cu^{2+} 按照 2 : 1 的化学计量络合，Co^{2+} 和 Cu^{2+} 的检测限分别为 0.19μmol/L 和 0.13μmol/L。有趣的是，该检测体系在检测 Co^{2+} 和 Cu^{2+} 的同时还可以检测 CN^-。检测 Co^{2+} 时得到的复合物与 CN^- 反应后，溶液的颜色由黄色恢复至无色。该研究有助于发展单一化学传感器检测多种目标物的检测方法。

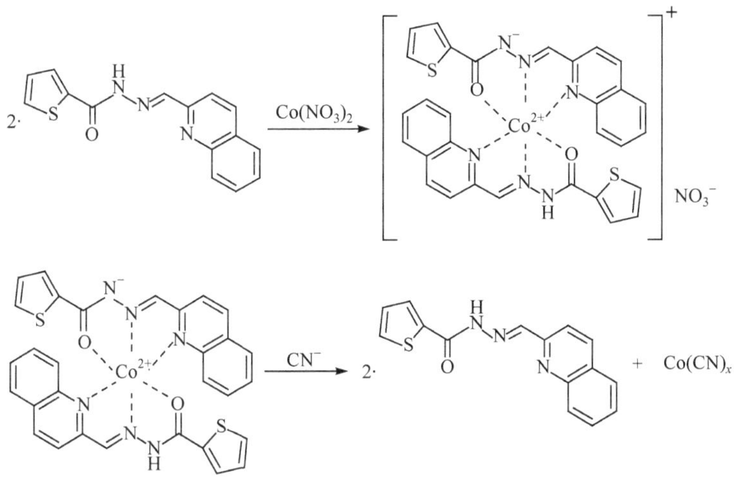

图 2.36　多功能化学传感器检测 Co^{2+}、CN^-[43]

硫氰酸盐(SCN^-)易溶于水、乙醇、丙酮等溶剂，遇酸会产生有毒气体。水溶液呈中性，与铁盐生成血色的硫氰化铁，与亚铁盐不反应，与浓硫酸生成黄色的硫酸氢钠，与银盐或铜盐作用生成白色的硫氰化银沉淀或黑色的硫氰化铜沉淀。硫氰酸盐在空气中易潮解，有毒，慢性中毒会出现甲状腺损伤，空气中最高容许浓度为 $50mg/m^3$。硫氰酸盐可用作聚丙烯腈纤维抽丝溶剂、化学分析试剂、彩色电影胶片冲洗剂、某些植物脱叶剂，还可用于制药、印染、橡胶处理、黑色镀镍及制造人造芥子油等。

中国科学院长春应用化学研究所杨秀荣等利用 AuNPs 表面的胱氨与 SCN^- 之间的静电作用以及定向氢键作用，实现了对 SCN^- 的特异性识别[44]，如图 2.37 所示。将胱氨修饰的 AuNPs 与有机化合物 N,N-二甲基-1-萘胺(2N)进行孵化时，可以明显地观察到溶液的颜色由红色变为蓝色，若溶液中存在 SCN^-，它与胱氨修饰的 AuNPs 之间的特异性作用会保护 AuNPs 不发生聚集，或者降低 AuNPs 的聚集程度，溶液的颜色由蓝色变为紫色甚至红色，SCN^- 的检测限为 0.2μmol/L。此外，研究人员还将该检测体系成功应用于人体尿液中 SCN^- 含量的测定。

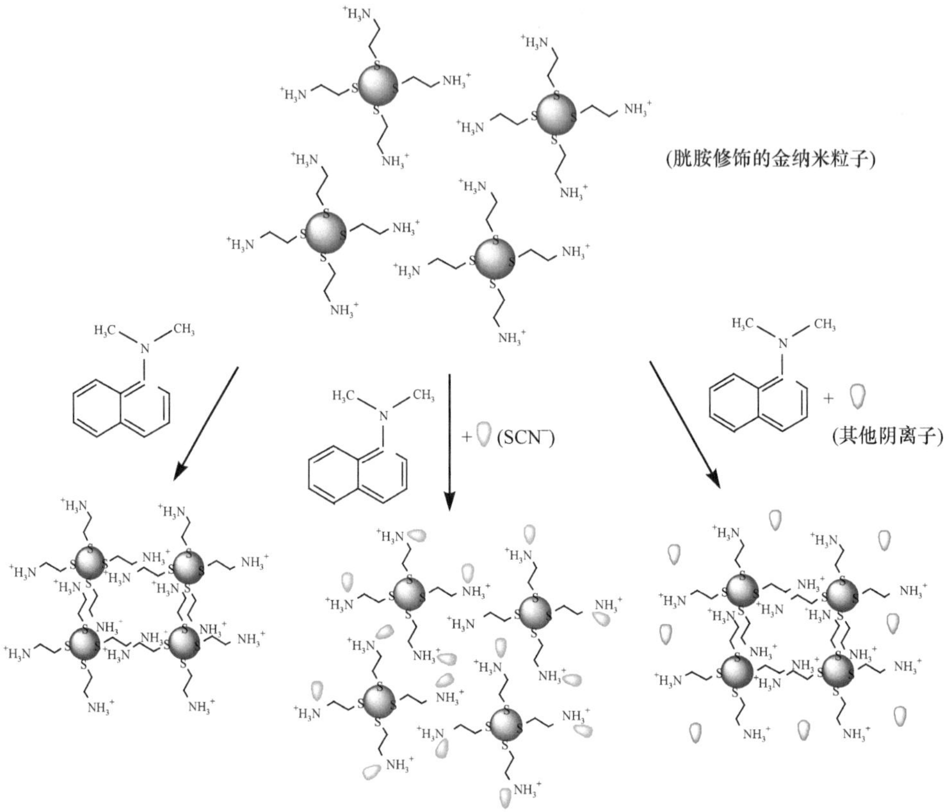

图 2.37　胱氨修饰的 AuNPs 检测 SCN⁻机理示意图[44]

　　中国科学院烟台海岸带研究所陈令新等基于诱导聚集机理可视化检测 SCN⁻[45]，如图 2.38 所示。利用表面活性剂吐温-20 与 AuNPs 表面柠檬酸根离子的作用，在 AuNPs 表面形成一层保护层，由于 SCN⁻能够与 AuNPs 表面的柠檬酸根发生竞争作用，部分吐温-20 和柠檬酸根离子离开 AuNPs 表面，致使 AuNPs 失去保护而发生聚集，基于此实现了 SCN⁻的可视化定量检测，检测限为 0.2μmol/L。该检测体系可为唾液和环境水样中 SCN⁻的检测提供了一种经济、快速、简便的新方法。

　　南昌大学吴芳英等基于 SCN⁻抑制 CTAB 诱导 AuNPs 聚集的机理比色检测 SCN⁻[46]，如图 2.39 所示。表面活性剂 CTAB 能够使 AuNPs 发生聚集，当溶液中存在 SCN⁻时，由于 SCN⁻能够很好地吸附在 AuNPs 表面，阻止 CTAB 诱导 AuNPs 发生聚集，且随着 SCN⁻浓度的提高，AuNPs 的聚集程度逐渐降低直至均匀分散，溶液的颜色由蓝色变为红色。与传统的利用金纳米粒子聚集的比色检测法相比，抗聚集检测方法可以提高实验结果的准确率。该方法成功应用于牛奶样品中 SCN⁻的检测，理论检测限为 6.5nmol/L，裸眼检测限为 0.1μmol/L。

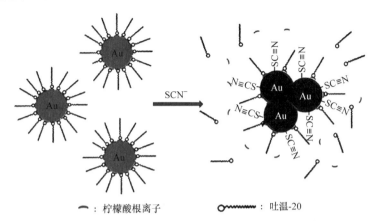

： 柠檬酸根离子　　　　： 吐温-20

图 2.38　基于诱导聚集机理可视化检测 SCN⁻的机理示意图[45]

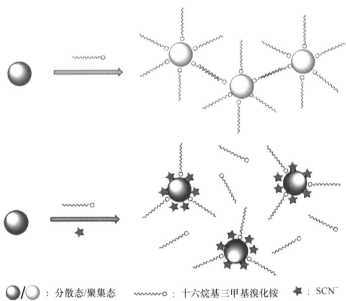

／： 分散态/聚集态　　　： 十六烷基三甲基溴化铵　　★： SCN⁻

图 2.39　基于抗聚集机理比色检测 SCN⁻[46]

2.3　本 章 小 结

　　与仪器方法、化学反应试纸等快速检测方法相比,基于贵金属纳米材料的阴离子比色检测法具有灵敏度高、操作简便等一系列优点,相关的研究报道也不断出现。然而,这些工作主要集中在理论研究及实验室阶段,对不同阴离子的研究关注程度也相差较大。目前,基于贵金属纳米材料的比色检测技术真正用于实际样品检测的并不多见，一方面是因为技术尚不够成熟，无法满足现有国家相关检测标准的要求；另一方面是存在应用方向不明确、纳米材料不稳定以及实际样品成分复杂等一系列问题。此外，如何将比色传感器微型化、便携化也是今后研究者的重要研究方向之一。

参 考 文 献

[1] Burckhardt G, Burckhardt B C. In vitro and in vivo evidence of the importance of organic anion transporters (OATS) in drug therapy[M]//Fromm M F, Kim R B. Handbook of Experimental Pharmacology Drug Therapy. Berlin: Springer, 2011: 29-104.

[2] Sessler J L, Sansom P I, Andrievsky A, et al. Application aspects involving the supramolecular chemistry of anions[J]. Supramolecular Chemistry of Anions, 1997: 355-419.

[3] Watanabe S, Seguchi H, Yoshida K, et al. Colorimetric detection of fluoride ion in an aqueous solution using a thioglucose-capped gold nanoparticle[J]. Tetrahedron Letters, 2005, 46(51): 8827-8829.

[4] Lin Z H, Ou S J, Duan C Y, et al. Naked-eye detection of fluoride ion in water: A remarkably selective easy-to-prepare test paper[J]. Chemical Communications, 2006, (6): 624-626.

[5] Wang J, Liu H B, Wang W, et al. A thiazoline-containing cobalt (II) complex based colorimetric fluorescent probe: "Turn-on" detection of fluoride[J]. Dalton Transactions, 2009, (47): 10422-10425.

[6] Li Y H, Duan Y, Zheng J, et al. Self-assembly of graphene oxide with a silyl-appended spiropyran dye for rapid and sensitive colorimetric detection of fluoride ions[J]. Analytical Chemistry, 2013, 85(23): 11456-11463.

[7] Sivaraman G, Chellappa D. Rhodamine based sensor for naked-eye detection and live cell imaging of fluoride ions[J]. Journal of Materials Chemistry B, 2013, 1(42): 5768-5772.

[8] Madhuprasad, Shetty A N, Trivedi D R. Colorimetric receptors for naked eye detection of inorganic fluoride ion in aqueous media using ICT mechanism[J]. RSC Advances, 2012, 2(28): 10499-10504.

[9] Kai Y M, Hu Y H, Wang K, et al. A highly selective colorimetric and ratiometric fluorescent chemodosimeter for detection of fluoride ions based on 1,8-naphthalimide derivatives[J]. Spectrochimica Acta Part A—Molecular and Biomolecular Spectroscopy, 2014, 118: 239-243.

[10] He G K, Zhao L, Chen K, et al. Highly selective and sensitive gold nanoparticle-based colorimetric assay for PO_4^{3-} in aqueous solution[J]. Talanta, 2013, 106: 73-78.

[11] Daniel W L, Han M S, Lee J S, et al. Colorimetric nitrite and nitrate detection with gold nanoparticle probes and kinetic end points[J]. Journal of the American Chemical Society, 2009, 131(18): 6362.

[12] Xiao N, Yu C X. Rapid-response and highly sensitive noncross-linking colorimetric nitrite sensor using 4-aminothiophenol modified gold nanorods[J]. Analytical Chemistry, 2010, 82(9): 3659-3663.

[13] Li T H, Li Y L, Zhang Y J, et al. A colorimetric nitrite detection system with excellent selectivity

and high sensitivity based on Ag@Au nanoparticles[J]. Analyst, 2015, 140(4): 1076-1081.

[14] Ye Y J, Guo Y, Yue Y, et al. Facile colorimetric detection of nitrite based on anti-aggregation of gold nanoparticles[J]. Analytical Methods, 2015, 7(10): 4090-4096.

[15] Deng J J, Yu P, Yang L F, et al. Competitive coordination of Cu^{2+} between cysteine and pyrophosphate ion: Toward sensitive and selective sensing of pyrophosphate ion in synovial fluid of arthritis patients[J]. Analytical Chemistry, 2013, 85(4): 2516-2522.

[16] Deng J J, Jiang Q, Wang Y X, et al. Real-time colorimetric assay of inorganic pyrophosphatase activity based on reversibly competitive coordination of Cu^{2+} between cysteine and pyrophosphate ion[J]. Analytical Chemistry, 2013, 85(19): 9409-9415.

[17] Li Z X, Zhang W Y, Liu X J, et al. Naked-eye-based selective detection of pyrophosphate with a Zn^{2+} complex in aqueous solution and electrospun nanofibers[J]. RSC Advances, 2015, 5(32): 25229-25235.

[18] Kim S, Eom M S, Kim S K, et al. A highly sensitive gold nanoparticle-based colorimetric probe for pyrophosphate using a competition assay approach[J]. Chemical Communications, 2013, 49(2): 152-154.

[19] Kim S, Eom M S, Yoo S, et al. Development of a highly selective colorimetric pyrophosphate probe based on a metal complex and gold nanoparticles: Change in selectivity induced by metal ion tuning of the metal complex[J]. Tetrahedron Letters, 2015, 56(35): 5030-5033.

[20] Li F, Liu Y T, Zhuang M, et al. Biothiols as chelators for preparation of N-(aminobutyl)-N-(ethylisoluminol)/Cu^{2+} complexes bifunctionalized gold nanoparticles and sensitive sensing of pyrophosphate ion[J]. ACS Applied Materials & Interfaces, 2014, 6(20): 18104-18111.

[21] Oh D J, Kim K M, Ahn K H. Nanoparticle-based indicator-displacement assay for pyrophosphate[J]. Chemistry—An Asian Journal, 2011, 6(8): 2033-2038.

[22] Kim K M, Oh D J, Ahn K H. Zinc (II) -dipicolylamine-functionalized polydiacetylene-liposome microarray: A selective and sensitive sensing platform for pyrophosphate ions[J]. Chemistry—An Asian Journal, 2011, 6(1): 122-127.

[23] Zhao X Y, Schanze K S. Fluorescent ratiometric sensing of pyrophosphate via induced aggregation of a conjugated polyelectrolyte[J]. Chemical Communications, 2010, 46(33): 6075-6077.

[24] Pandya A, Joshi K V, Modi N R, et al. Rapid colorimetric detection of sulfide using calix[4]arene modified gold nanoparticles as a probe[J]. Sensors and Actuators B—Chemical, 2012, 168: 54-61.

[25] Ni P J, Sun Y J, Dai H C, et al. Colorimetric detection of sulfide ions in water samples based on the in situ formation of Ag_2S nanoparticles[J]. Sensors and Actuators B—Chemical, 2015, 220: 210-215.

[26] Ahmed K B A, Mariappan M, Veerappan A. Nanosilver cotton swabs for highly sensitive and selective colorimetric detection of sulfide ions at nanomolar level[J]. Sensors and Actuators B—Chemical, 2017, 244: 831-836.

[27] Dong C, Wang Z, Zhang Y, et al. High-performance colorimetric detection of thiosulfate by using silver nanoparticles for smartphone-based analysis[J]. ACS Sensors, 2017, 2(8): 1152-1159.

[28] Wang N, Dorman R A, Ingersoll C G, et al. Acute and chronic toxicity of sodium sulfate to four

freshwater organisms in water-only exposures[J]. Environmental Toxicology and Chemistry, 2016, 35(1): 115-127.

[29] Zhang M, Liu Y Q, Ye B C. Colorimetric assay for sulfate using positively-charged gold nanoparticles and its application for real-time monitoring of redox process[J]. Analyst, 2011, 136(21): 4558-4562.

[30] Arkhipova V V, Apyari V V, Dmitrienko S G. A colorimetric probe based on desensitized ionene-stabilized gold nanoparticles for single-step test for sulfate ions[J]. Spectrochimica Acta Part A—Molecular and Biomolecular Spectroscopy, 2015, 139: 335-341.

[31] Zhang J, Xu X W, Yang C, et al. Colorimetric iodide recognition and sensing by citrate-stabilized core/shell Cu@Au nanoparticles[J]. Analytical Chemistry, 2011, 83(10): 3911-3917.

[32] Liu J M, Jiao L, Cui M L, et al. Highly sensitive non-aggregation colorimetric sensor for the determination of I$^-$ based on its catalytic effect on Fe^{3+} etching gold nanorods[J]. Sensors and Actuators B—Chemical, 2013, 188: 644-650.

[33] Zhou G F, Zhao C, Pan C, et al. Highly sensitive and selective colorimetric detection of iodide based on anti-aggregation of gold nanoparticles[J]. Analytical Methods, 2013, 5(9): 2188-2192.

[34] Yang X H, Ling J, Peng J, et al. A colorimetric method for highly sensitive and accurate detection of iodide by finding the critical color in a color change process using silver triangular nanoplates[J]. Analytica Chimica Acta, 2013, 798: 74-81.

[35] Bothra S, Kumar R, Pati R K, et al. Virgin silver nanoparticles as colorimetric nanoprobe for simultaneous detection of iodide and bromide ion in aqueous medium[J]. Spectrochimica Acta Part A—Molecular and Biomolecular Spectroscopy, 2015, 149: 122-126.

[36] Chen L, Lu W H, Wang X K, et al. A highly selective and sensitive colorimetric sensor for iodide detection based on anti-aggregation of gold nanoparticles[J]. Sensors and Actuators B—Chemical, 2013, 182: 482-488.

[37] Kim M H, Kim S, Jang H H, et al. A gold nanoparticle-based colorimetric sensing ensemble for the colorimetric detection of cyanide ions in aqueous solution[J]. Tetrahedron Letters, 2010, 51(36): 4712-4716.

[38] Lou X D, Zhang Y, Qin J G, et al. A highly sensitive and selective fluorescent probe for cyanide based on the dissolution of gold nanoparticles and its application in real samples[J]. Chemistry—A European Journal, 2011, 17(35): 9691-9696.

[39] Liu J L, Liu Y, Liu Q, et al. Iridium (Ⅲ) complex-coated nanosystem for ratiometric upconversion luminescence bioimaging of cyanide anions[J]. Journal of the American Chemical Society, 2011, 133(39): 15276-15279.

[40] Reddy P M, Hsieh S R, Chang C J, et al. Detection of cyanide ions in aqueous solutions using cost effective colorimetric sensor[J]. Journal of Hazardous Materials, 2017, 334: 93-103.

[41] Kim I J, Ramalingam M, Son Y A. A reaction based colorimetric chemosensor for the detection of cyanide ion in aqueous solution[J]. Sensors and Actuators B—Chemical, 2017, 246: 319-326.

[42] Qiu D L, Liu Y J, Li M N, et al. Near-infrared chemodosimetric probes based on heptamethine cyanine dyes for the "naked-eye" detection of cyanide in aqueous media[J]. Journal of

Luminescence, 2017, 185: 286-291.

[43] Jang H J, Jo T G, Kim C. A single colorimetric sensor for multiple targets: The sequential detection of Co^{2+} and cyanide and the selective detection of Cu^{2+} in aqueous solution[J]. RSC Advances, 2017, 7(29): 17650-17659.

[44] Zhang J, Yang C, Wang X L, et al. Colorimetric recognition and sensing of thiocyanate with a gold nanoparticle probe and its application to the determination of thiocyanate in human urine samples[J]. Analytical and Bioanalytical Chemistry, 2012, 403(7): 1971-1981.

[45] Zhang Z Y, Zhang J, Qu C L, et al. Label free colorimetric sensing of thiocyanate based on inducing aggregation of Tween 20-stabilized gold nanoparticles[J]. Analyst, 2012, 137(11): 2682-2686.

[46] Song J, Huang P C, Wan Y Q, et al. Colorimetric detection of thiocyanate based on anti-aggregation of gold nanoparticles in the presence of cetyltrimethyl ammonium bromide[J]. Sensors and Actuators B—Chemical, 2016, 222: 790-796.

第3章 比色检测法检测食品中的有机小分子

3.1 引 言

有机小分子是指有机物中分子量小的物质。相较于高分子化合物，有机小分子一般为简单的单体物质。有机小分子种类繁多，且不同分子的性质差异很大。有些有机小分子是有用的，甚至参与人体生命活动，如人体必需的八种氨基酸，以及葡萄糖、三磷酸腺苷等；而有些有机小分子对大气、土壤、水体以及人体有危害作用，如三鹿奶粉事件中的三聚氰胺、"红心鸭蛋"中的苏丹红、发霉大米中的黄曲霉毒素、持久性有机污染物二噁英等。因此，定性、定量地检测这些有毒有害的有机小分子，对于保障民生健康十分必要，且具有重要意义。

3.1.1 有机小分子的常规检测方法

有机小分子的常规检测方法主要有气相色谱法、液相色谱法、电化学分析法和联用技术等。

1. 气相色谱法[1,2]

气相色谱法是20世纪50年代出现的一种用气体作为流动相的色层分离分析方法，以惰性气体为流动相，利用试样各组分在色谱柱中的气相和固定相间的分配系数不同，当汽化后的试样被载气带入色谱柱中运行时，组分就在两相间进行反复多次($10^3 \sim 10^6$)的分配(吸附—脱附—放出)。由于固定相对各种组分的吸附能力不同，各组分在色谱柱中的运行速度也不同，经过一定的柱长后便彼此分离，依次离开色谱柱进入检测器，产生的离子流信号经放大后在记录器上描绘出各组分的色谱峰。样品在气相中传递速度快，因此样品组分在流动相和固定相之间可以瞬间达到平衡。另外，可选作固定相的物质很多。气相色谱法的分析速度快、分离效率高，近年来采用高灵敏选择性检测器，使之又具有分析灵敏度高、应用范围广等优点。

2. 液相色谱法[3,4]

液相色谱法是用液体作为流动相的色谱法。液相色谱应用最为广泛的是高效液相色谱，高效液相色谱也称为高压、高速、高效或现代液相色谱，是在气相色谱和经典色谱的基础上发展起来的。高效液相色谱与经典液相色谱在本质上没有区别。相较于经典液相色谱，高效液相色谱的分离分析效率更高，且可实现自动化操作。经典液相色谱的流动相在常压下输送，所用的固定相柱效低，分析周期长。而高效液相色谱引用了气相色谱的理论，流动相改为高压输送(最高输送压力可达 49MPa)，色谱柱以特殊的方法用小粒径填料填充而成，大大提高了柱效(每米塔板数可达几万甚至几十万)。另外，柱后与高灵敏的检测器相连，可对流出物进行连续检测。因此，高效液相色谱具有分析速度快、分离效能高、自动化等优点。

3. 电化学分析法[5]

电化学分析法是根据溶液中物质的电化学性质及其变化规律的不同，基于电位、电导、电流和电量等电学量与被测物质某些量之间的计量关系，对各组分进行定性和定量分析的仪器方法，也称电分析化学法。通常被测物质作为化学电池的一个组成部分，根据该电池的某种电参数(如电阻、电导、电位、电流、电量或电流-电压曲线等)与被测物质的浓度之间存在的关系而进行测定。电化学分析法具有灵敏度高、准确度高、测试范围宽等优点。

4. 联用技术[6]

单独的仪器分析方法存在一定的局限性，如只能定量而不能定性，或者只能定性而不能定量，再或者定性或定量不能满足科学需求。将两种以上的仪器分析技术联合使用，可以综合不同分析方法的优点，弥补各自的缺点，起到方法间的协同作用，从而提高仪器性能。现有的联用技术包括色谱-色谱联用技术、色谱-原子光谱联用技术、色谱-质谱联用技术、色谱-核磁共振波谱联用技术等。例如，气相色谱-质谱联用技术具有灵敏度高、分析速度快和鉴别能力强的特点，可同时完成待测组分的分离和鉴定，特别适用于多组分混合物未知组分的定性和定量分析，判断化合物的分子结构，准确地测定化合物的分子量和元素组成。

3.1.2　常规检测方法的缺陷

上述常规检测方法虽然有种种优点，但无论是单独的分析方法还是各种分析方法联用，仍存在一些弊端。常规的分析方法所用仪器基本都是大型仪器，价格动辄成百万或上千万，高昂的价格限制了这些方法的普及推广；这些方法的仪器操作一般比较烦琐，结果分析涉及大量的专业知识，专业性极强，使用人员需要拥有大量的操作经验和专业知识作为支撑，不利于操作人员的培训。有机小分子检测往往需要实时实地现场检测，有时检测人员不具备仪器分析专业知识。因此，这些常规检测方法无法满足有机小分子的现场及时检测需求。

3.2　有机小分子比色检测法

贵金属纳米粒子比色检测法检测有机小分子，灵敏度高、选择性好、操作简单、反应快速等，该方法得到了人们的广泛研究与关注。由于贵金属纳米粒子可与 S、N 等元素形成较强的共价键，可将某些特异性识别有机小分子的分子修饰于贵金属纳米粒子表面，利用抗体-抗原之间的识别作用，抗体(有机小分子)的加入可引起贵金属纳米粒子的聚集或形态的改变，导致其 SPR 吸收峰以及溶液颜色发生变化，从而能够定性、定量地检测分析有机小分子。

3.2.1　聚集机理

中国科学院宁波材料技术与工程研究所吴爱国课题组开发了一种基于聚集机理检测瘦肉精——盐酸克伦特罗的比色检测方法[7]。在金纳米粒子表面修饰上巯基乙胺，巯基乙胺的—NH$_2$基团可以与盐酸克伦特罗中的—Cl、—NH$_2$、—OH 等基团发生强的静电相互作用，诱导金纳米粒子发生聚集(图 3.1)，胶体金的颜色由红色变为蓝灰色。该方法反应快速、灵敏度高，裸眼检测限达 50nmol/L，且具有优异的选择性和抗干扰能力。研究者将该方法成功地应用于实际血液样品中盐酸克伦特罗的检测。

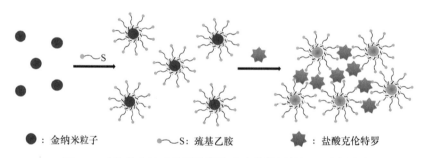

● ：金纳米粒子　　　　—S：巯基乙胺　　　　★ ：盐酸克伦特罗

图 3.1　功能化金纳米粒子检测盐酸克伦特罗的机理示意图[7]

中国科学院合肥物质科学研究院智能机械研究所张忠平等基于聚集机理开发了三聚氰胺的比色检测方法[8]，即用柠檬酸根保护的金纳米粒子检测牛奶中的三聚氰胺。胶体金接触到毫克/千克级的三聚氰胺时会表现出高度敏感性，胶体金会在 5min 内快速聚集，且其颜色由红色变为蓝色，从而可以通过裸眼和紫外-可见吸收光谱测定三聚氰胺的浓度。该检测方法的作用机理是三聚氰胺上富电子的氨基中的氮原子以及杂环中的氮原子可以与缺电子的贵金属纳米粒子相互作用，金纳米粒子会在三聚氰胺的作用下形成网状结构从而聚集在一起(图 3.2)。该方法具有很好的选择性，能从结构类似或者官能团相似的分子中检测出三聚氰胺。该方法的裸眼检测限为 0.6μmol/L，紫外-可见吸收光谱检测限达 0.1μmol/L，且反应迅速、选择性好、灵敏度高。

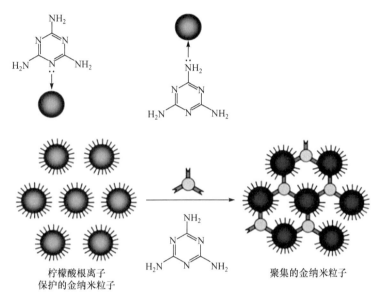

图 3.2　金纳米粒子检测三聚氰胺的机理示意图[8]

中国科学院武汉病毒研究所张先恩课题组运用巯基乙胺修饰的金纳米粒子检测三聚氰胺[9]。将一定量的巯基乙胺修饰到柠檬酸根离子保护的金纳米粒子表面以降低纳米粒子之间的静电斥力，再加入三聚氰胺，在酸性条件下，通过静电相互作用使纳米金发生交联聚集(图 3.3)，达到检测三聚氰胺的目的。该检测方法的灵敏度比直接用柠檬酸保护的纳米金的检测方法高 100 倍以上，检测限达 1mg/L，线性范围是 1~200mg/L，并成功应用于牛奶、鸡蛋以及饲料中三聚氰胺的检测。

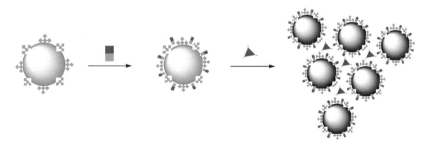

(a)

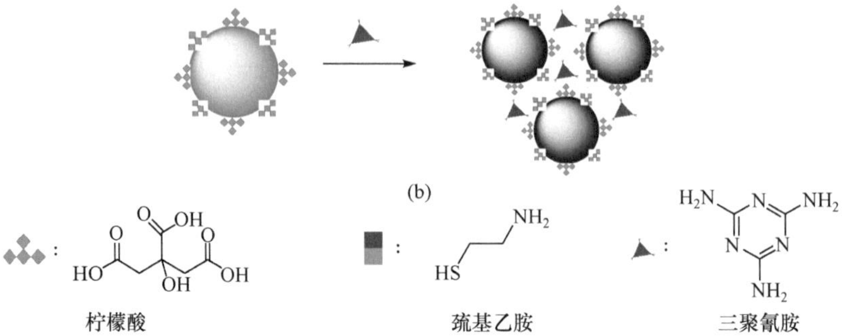

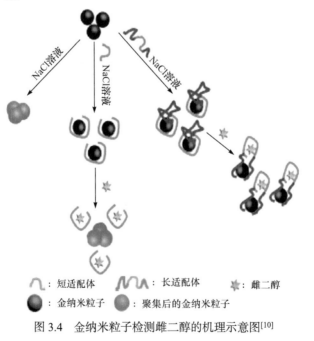

图 3.3　金纳米粒子检测三聚氰胺的机理示意图[9]

　　南京师范大学潘道东等基于 DNA 核酸适配体序列开发了超灵敏比色探针,用于检测牛乳中的雌二醇[10]。首先制备胶体金,并设计了 75-mer、35-mer 和 22-mer 的雌二醇核酸适配体;然后依据没有核酸适配体保护的胶体金在最适氯化钠浓度条件下聚集,而有核酸适配体保护的胶体金在该氯化钠浓度下不会发生聚集,以及雌二醇的核酸适配体与雌二醇特异性结合的原理,实现对雌二醇的超灵敏检测(图 3.4)。结果表明,在 NaCl 浓度为 30mmol/L、35-mer 核酸适配体摩尔浓度为 30nmol/L 的条件下,雌二醇的质量浓度与胶体金在 625nm 和 523nm 波长条件下吸光度的比值(A_{625nm}/A_{523nm})在 13.6～54.4pg/mL 的范围内呈良好的线性关系,检测限为 2.7pg/mL。该方法的特异性、稳定性和重复性均良好,应用该方法对牛乳样品进行检测,雌二醇的检测限为 13.6pg/mL,表明该方法可用于奶制品中雌二醇的快速检测。

图 3.4　金纳米粒子检测雌二醇的机理示意图[10]

全氟辛烷磺酸(PFOS)能使巯基乙胺包被的带正电荷的金纳米粒子发生聚集，引起紫外-可见吸收光谱以及溶液颜色的改变，西南大学谭克俊等据此建立了PFOS 的比色检测方法[11](图 3.5)。金纳米粒子在 524nm 处有特征吸收峰，PFOS的加入会使其 524nm 处吸收峰降低，650nm 处吸收峰增强，随着 PFOS 浓度增大，溶液颜色由酒红色向紫红色转变。该检测方法的线性范围是 0.8～8μmol/L，检测限为 80nmol/L，具有简单、快速等特点。将该方法应用到实际水样中 PFOS的检测，相对标准偏差(RSD)≤4.4%。

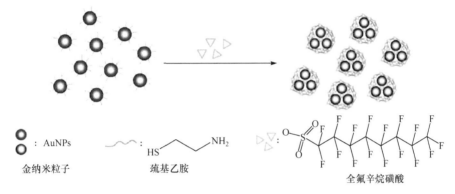

HS：AuNPs
金纳米粒子
巯基乙胺
全氟辛烷磺酸

图 3.5　金纳米粒子检测 PFOS 的机理示意图[11]

中国科学院理化技术研究所汪鹏飞课题组利用巯基乙酸修饰的纳米金开发了链霉素的比色检测方法[12]。将巯基乙酸修饰到纳米金的表面，由于巯基乙酸与链霉素之间有较强的静电作用，一个链霉素分子可以与两个纳米金颗粒上的巯基乙酸分子结合，从而诱导纳米金交联发生聚集现象(图 3.6)，溶液的颜色由红色变为蓝色，根据颜色变化程度或吸收光谱的变化实现对链霉素的测定。该方法裸眼检测限达 50μg/kg，且具有较好的选择性。

(a)

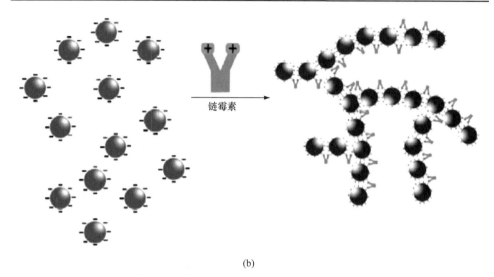

(b)

图 3.6　金纳米粒子检测链霉素的机理示意图[12]

英国班戈大学 Halliwell 等[13]将肉毒神经毒素的底物突触相关蛋白 25 (synaptosomal-associated protein 25, SNAP-25)通过其自带的半胱氨酸与纳米金进行共价键偶联，使得纳米金在一定盐浓度下保持分散状态，再向体系中加入肉毒神经毒素 A，水解切掉纳米金表面 SNAP-25 的 C 端肽段，降低其对纳米金的保护，在一定盐浓度下，纳米金聚集，溶液的颜色由红色变为蓝色。利用该方法可以检测浓度低至 373fg/mL 的肉毒神经毒素。

江南大学王文凤等[14]基于纳米金-适配体技术建立了伏马菌素 B_1 的检测方法。该方法以纳米金为载体，在纳米金表面组装巯基化的适配体互补短链 DNA1/FB$_1$-适配体复合物；当加入目标物时，适配体链与目标物结合，与互补短链 DNA1 发生解离；此时再加入纳米金标记的与适配体互补短链 1 互补的短链 DNA2，二者杂交可导致金纳米粒子的聚集(图 3.7)，溶液颜色发生变化，从而实现对目标物的可视化检测。通过条件优化，有效避免了因盐浓度过高而使纳米金发生聚集的情况。同时，在纳米金与短链 DNA 孵化时加入表面活性剂十二烷基硫酸钠，即使 NaCl 浓度达到 500mmol/L，纳米金的颜色仍不发生改变。这打破了以往熟化 NaCl 浓度 100mmol/L 就会使纳米金颜色发生变化的界限，使附着在纳米金上的 DNA 量提高了 3 倍。该检测方法的线性范围是 125～1500ng/L，检测限为 125ng/L，已成功应用于啤酒中 FB$_1$ 的检测。

南昌大学王鹤[15]基于对氨基苯磺酸修饰的纳米银开发了对苯二胺的可视化检测方法。制备出对氨基苯磺酸修饰的银纳米颗粒，在一定条件下，对苯二胺与纳米银表面的修饰物发生氢键作用，导致纳米颗粒发生聚集，检测机理如图 3.8 所示。对氨基苯磺酸修饰的银纳米颗粒的紫外-可见吸收光谱特征峰在 395nm 处，加入对苯二胺之后,纳米银的特征峰强度降低,同时在 580nm 处出现新的吸收峰,在对苯二胺浓度为 25～100μmol/L 和 100～225μmol/L 时,胶体银在波长 585nm 和 395nm 处的吸光度的比值(A_{585nm}/A_{395nm})与对苯二胺的浓度存在线性关系,对苯二胺的检测限为 6.2μmol/L。

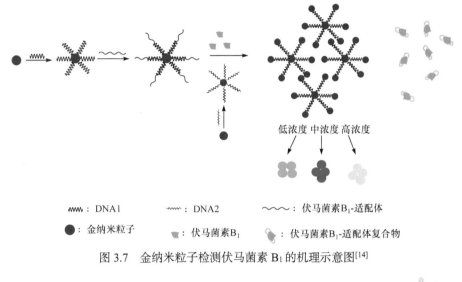

低浓度　中浓度　高浓度

wwww : DNA1　　　～～～ : DNA2　　　～～～ : 伏马菌素B₁-适配体

● : 金纳米粒子　　　▱ : 伏马菌素B₁　　　⬮ : 伏马菌素B₁-适配体复合物

图 3.7　金纳米粒子检测伏马菌素 B₁ 的机理示意图[14]

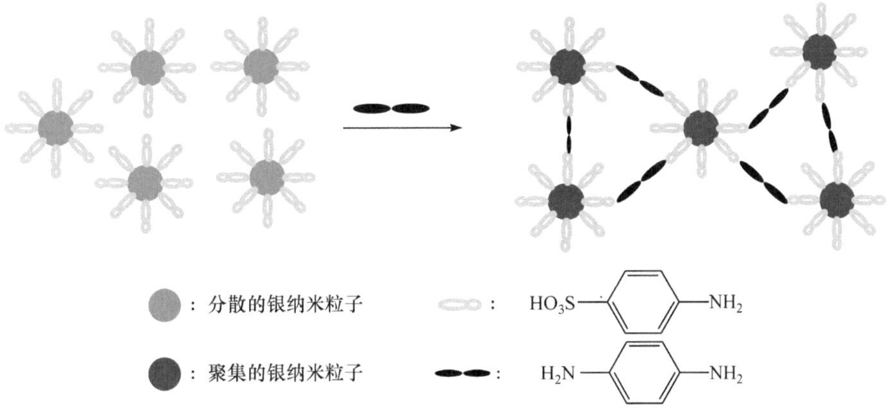

◉ : 分散的银纳米粒子　　　⬭ : HO_3S—⬡—NH_2

● : 聚集的银纳米粒子　　　⬬ : H_2N—⬡—NH_2

图 3.8　银纳米粒子检测对苯二胺的机理示意图[15]

南昌大学王鹤[15]基于半胱氨酸修饰纳米银开发了山梨酸的可视化检测方法。半胱氨酸作为修饰物覆盖在纳米银的表面,山梨酸会导致功能化的银纳米粒子发生聚集,紫外-可见吸收光谱中纳米银的特征峰吸收强度降低,同时产生新峰,利用两吸收峰吸光度的比值可以定量检测山梨酸。在山梨酸浓度为 0～375μmol/L 和 375～625μmol/L 时,两吸光度的比值与山梨酸的浓度呈线性关系。该检测方法灵敏性高、选择性强。

中国科学院化学研究所毛兰群课题组基于盐效应开发了葡萄糖的可视化快速检测方法，并将其应用到鼠脑透析液中葡萄糖含量的测定[16]。检测原理是：受单链寡聚核苷酸保护的金纳米粒子在高浓度 NaCl 溶液中能够稳定存在，而不发生聚集。当靶物质葡萄糖存在时，葡萄糖氧化酶(glucose oxidase, GOD)催化产生葡萄糖酸，O_2 作为电子受体还原为 H_2O_2，H_2O_2 在 Fe^{2+} 催化下产生自由基，从而切断寡聚核苷酸链，使金纳米粒子处于无保护的状态，体系中存在的高浓度 NaCl 使纳米金发生聚集(图 3.9)。这一检测过程涉及多个反应，包括 GOD 催化葡萄糖氧化的一系列反应、H_2O_2 的芬顿(Fenton)反应以及羟基自由基对寡聚核苷酸链的切割反应。这项研究将自由基对寡聚核苷酸链的切割损伤应用于比色检测方法中，用纳米金的保护剂——寡聚核苷酸链作为自由基作用的靶点，以切割反应前后纳米金抗盐能力的强弱为检测依据，形成了一种可视化测定鼠脑系统中生理活性物质的新方法。

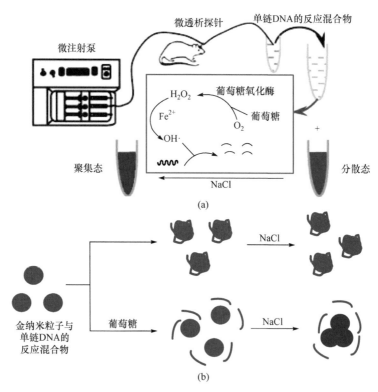

图 3.9 金纳米粒子检测鼠脑透析液中葡萄糖的机理示意图[16]

扬州大学智文婷[17]基于阳离子聚合物高效聚集纳米金开发了卡那霉素的比色检测方法。阳离子聚合物聚二烯丙基二甲基胺盐酸盐在反应体系中带正电荷，可以与带负电荷的寡核苷酸通过静电作用形成复合物。当反应体系中不存在卡那霉素时，游离态的卡那霉素核酸适配体与阳离子聚合物结合，形成类似双链的结构，即纳米金处于分散状态；当溶液中加入卡那霉素后，与核酸适配体特异性结合，减少了核酸适配体与阳离子聚合物的结合，多余的阳离子聚合物使纳米金聚集(图 3.10)，使整个体系颜色由酒红色变为蓝紫色。基于这一原理建立了卡那霉素比色传感器，通过裸眼比色、紫外-可见吸收光谱实现了对卡那霉素的定性和定量分析。

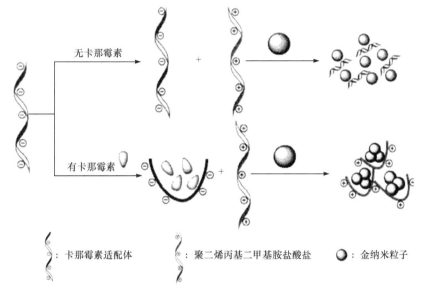

无卡那霉素

有卡那霉素

：卡那霉素适配体　　　　：聚二烯丙基二甲基胺盐酸盐　　　●：金纳米粒子

图 3.10　金纳米粒子检测卡那霉素的机理示意图[17]

中国科学院长春应用化学研究所杨秀荣课题组开发了一种赭曲霉毒素 A 的比色检测方法[18]。赭曲霉毒素 A 的单链 DNA 适配体可保护纳米金使其在高盐浓度下仍能保持良好的分散性，溶液颜色为红色；但加入赭曲霉毒素 A 后，适配体会与赭曲霉毒素 A 结合，纳米金失去适配体的保护而发生聚集现象(图 3.11)，溶液由红色变为蓝色。赭曲霉毒素 A 的检测限达 20nmol/L，线性范围是 20～625nmol/L。

3.2.2　抗聚集机理

吉林大学罗叶丽[19]运用抗聚集机理开发了四环素比色检测方法。利用传统方法制备 34nm 的巯基乙胺修饰的金纳米粒子(CS-AuNPs)，四环素适配体可以引起 CS-AuNPs 的聚集，使其颜色和紫外-可见吸收光谱发生明显的变化；在四环素存在的情况下，四环素适配体会先与四环素结合形成复合物，从而不会引起金纳米粒子的聚集(图 3.12)，由此建立了一种四环素的比色检测方法。四环素的检测限为 0.039μg/mL，低于欧盟和中国的最低限量标准。该方法操作简单、成本低、耗时短、选择性好、灵敏度高，已成功应用于牛奶中四环素残留的检测。

(a)

(b)

图 3.11　金纳米粒子检测赭曲霉毒素 A 的机理示意图[18]

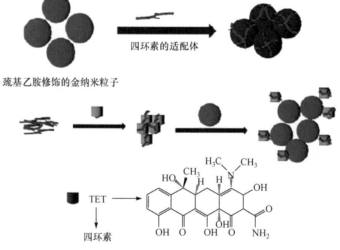

图 3.12　金纳米粒子检测四环素的机理示意图[19]

　　暨南大学蔡怀红等[20]基于抗聚集机理开发了还原型谷胱甘肽(GSH)的比色检测方法。在金纳米粒子的表面修饰罗丹明，金纳米粒子会因荧光共振能量转移作用而聚集，溶液颜色由红色变为蓝紫色。当溶液中存在 GSH 时，GSH 会与罗丹明竞争吸附于金纳米粒子表面,罗丹明释放到金纳米粒子溶液中,从而破坏荧光共振能量转移作用,金纳米粒子重新分散,溶液颜色变为酒红色(图 3.13)。

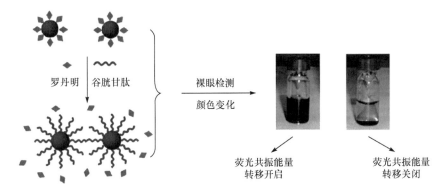

图 3.13 金纳米粒子检测还原型谷胱甘肽的机理示意图[20]

华东理工大学钟新华等同样基于抗聚集机理开发了 GSH 的可视化快速检测方法[21]。在不含 GSH 的条件下,双巯基哌嗪氨基甲酸酯(piperazinebisdithiocarbamate, ppzdtc)会引起纳米金的聚集;加入 GSH 后,GSH 对 AuNPs 的亲和力比 ppzdtc 强,从而阻止 ppzdtc 引起 AuNPs 聚集的发生(图 3.14)。GSH 的检测限达 8nmol/L,结构类似物如高半胱氨酸、氧化型谷胱甘肽等对 GSH 的检测没有干扰,同时可通过改变 ppzdtc 的浓度来调节 GSH 的检测范围。

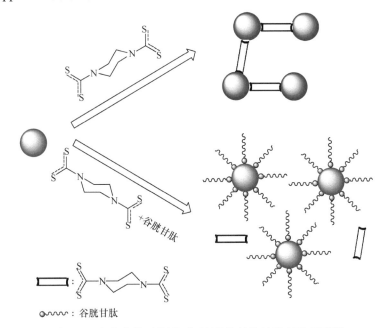

图 3.14 金纳米粒子检测还原型谷胱甘肽的机理示意图[21]

　　美国西北大学 Lee 等[22]采用 DNA 修饰的金纳米粒子(DNA-AuNPs)开发了半胱氨酸的比色检测方法。其检测机理为：Hg^{2+}可以使胸腺嘧啶修饰的金纳米粒子聚集，金纳米粒子溶液的颜色由红色变为紫色；在有半胱氨酸存在时，再加入Hg^{2+}，Hg^{2+}会优先与半胱氨酸结合，使金纳米粒子的聚集程度降低(图 3.15)，颜色逐渐由紫色向酒红色转变。可以通过裸眼和紫外-可见吸收光谱对半胱氨酸进行定性和定量分析。该方法具有很好的选择性，能从 19 种氨基酸中检测出半胱氨酸，紫外-可见吸收光谱检测限达 100nmol/L。

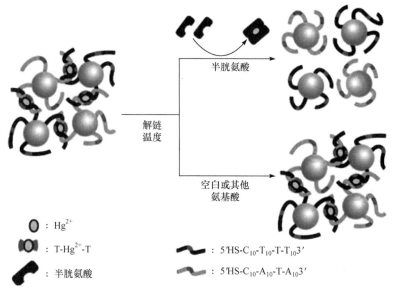

图 3.15　半胱氨酸的检测机理示意图[22]

　　美国伊利诺伊大学陆艺等基于抗聚集机理采用适配体修饰的纳米金建立了腺苷的检测方法[23]。该方法通过设计两段分别与腺苷适配体及其一端所连接的链接序列互补的 DNA 片段，并将其分别修饰到纳米金表面，纳米金之间会通过链段与表面 DNA 片段互补杂交而交联到一起，从而引发金纳米粒子的聚集，溶液颜色由红色变为蓝色；当加入靶分子腺苷时，腺苷适配体与腺苷结合，使得互补双链解开，聚集在一起的纳米金断开(图 3.16)，纳米金溶液颜色由蓝色变为红色，从而达到检测腺苷的目的。该方法具有很好的选择性，线性检测范围是 0.3～2mmol/L。

　　中国科学院上海应用物理研究所樊春海课题组利用特异性识别 ATP 适配体开发了一种可视化检测 ATP 的方法[24]。这一研究的创新之处在于应用了单链DNA保护的纳米金比双链 DNA 保护的纳米金具有更高的抗盐能力这一原理。当体系中无靶物质 ATP 存在时，核酸适配体(Aptamer)与体系中存在的互补链形成双链，其对纳米金的保护能力较弱，导致纳米金在高盐浓度下发生聚沉；当体系中加入 ATP 后，ATP 与适配体形成一定结构的复合物，从而使互补链解链成为单链 DNA，单链 DNA 碱基的 N 原子进一步与纳米金发生电子给体和受体作用，结合于纳米金表面，使纳米金外层排布带负电荷的磷酸骨架，静电斥力作用使纳米金免受高盐浓度造成的粒子聚沉，如图 3.17 所示。该方法对 ATP 的检测限达 0.6μmol/L，线性范围是 4.4～132.7μmol/L。

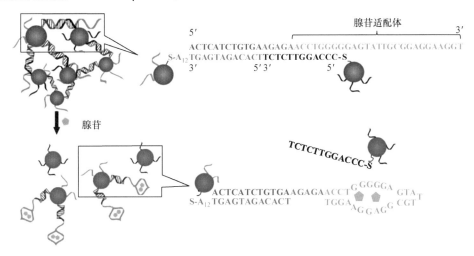

图 3.16　金纳米粒子检测腺苷的机理示意图[23]

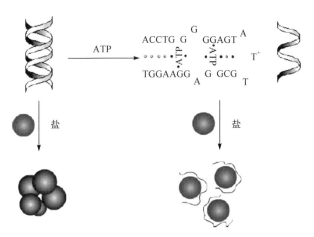

图 3.17　金纳米粒子检测 ATP 的机理示意图[24]

加拿大麦克马斯特大学 Brook 等直接将腺苷适配体共价偶联至纳米金上，在不含靶标分子的情况下，30mmol/L 的 $MgCl_2$ 可以破坏纳米金的稳定性，溶液颜色由红色变为蓝色；当加入靶标分子腺苷时，腺苷适配体与腺苷结合在纳米金表面形成发夹结构的双链，保护纳米金免受 MgCl₂ 引起的聚集变蓝(图 3.18)，溶液为红色[25]。此时若在溶液中再加入腺苷脱氨酶水解掉腺苷，失去双链保护的纳米金再次发生聚集变蓝，因此也可用此方法检测腺苷脱氨酶。

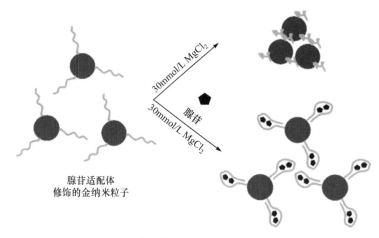

图 3.18　金纳米粒子检测腺苷的机理示意图[25]

　　昆明理工大学陈安逸[26]提出了用三聚氰胺(MA)修饰的银纳米片作为比色探针检测多巴胺(DA)的方法。检测机理是：银纳米片因表面柠檬酸根离子之间的静电排斥作用而能均匀、稳定地分散在溶液中，其独特的 SPR 性质使银溶胶显蓝色；加入三聚氰胺后，其环外氨基破坏了银纳米粒子之间的静电排斥作用，银纳米粒子发生聚集，银溶胶的蓝色加深甚至变黑；再加入多巴胺后，由于其结构中具有富电子基团(—OH，—NH₂)，易与三聚氰胺发生反应，银三角片的聚集会被反转(图 3.19)，同时溶液的颜色从黑色逐渐转变至蓝色。多巴胺的这种比色检测方法具有高灵敏度(0.02μmol/L)和高选择性，将其用于人体血清样品中多巴胺含量的测定，结果令人满意。

　　南洋理工大学 Liedberg 等利用肉毒神经毒素 A 轻链可以特异水解底物突触相关蛋白 25 的原理，设计了一段含有肉毒神经毒素 A 轻链识别/酶切位点的多肽序列，一端通过巯基偶联到纳米金上，另一端修饰生物素，与亲和素修饰的纳米金进行混合，纳米金发生聚集；或者将该多肽序列两端同时修饰上生物素，加入到含亲和素修饰的纳米金中，使纳米金发生交联聚集，溶液成为蓝色[27]。向上述两种体系中分别加入肉毒神经毒素 A 轻链，多肽被水解，交联的纳米金被打开成分散状态(图 3.20)，溶液的颜色由蓝色变为红色，从而达到检测肉毒神经毒素 A 的目的，检测限为 0.1～5nmol/L。

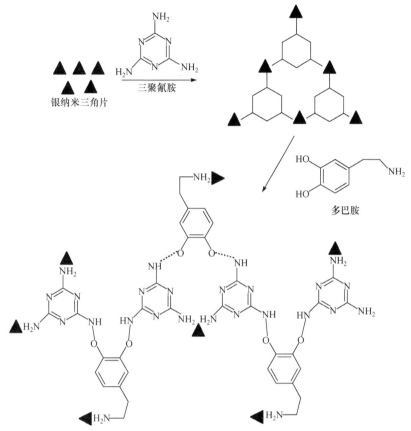

图 3.19 银纳米三角片检测多巴胺的机理示意图[26]

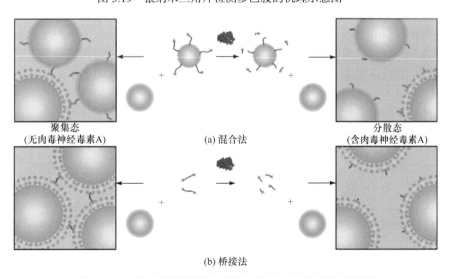

图 3.20 金纳米粒子检测肉毒神经毒素 A 的机理示意图[27]

3.2.3　其他机理

除了常见的聚集机理和抗聚集机理外，贵金属纳米粒子比色检测有机小分子还有形成核壳结构的机理(以纳米粒子为核，在其表面形成一层外壳)、刻蚀机理等，这些机理并不常见，但仍偶有报道。

安徽师范大学冯娟娟等[28]报道了采用银纳米粒子比色检测法检测多巴胺的工作。在银纳米粒子体系中，多巴胺还原硝酸银会导致银纳米粒子尺寸变大、溶液颜色发生改变，基于此提出了一种简单、快速、灵敏且选择性良好的多巴胺比色检测方法。随着多巴胺浓度的增大，银纳米粒子溶液的颜色由浅黄色逐渐变为深黄色，其吸收峰发生红移且吸光强度增大，从而实现对多巴胺的裸眼和紫外-可见吸收光谱检测。该工作的检测原理是多巴胺具有还原性，在银纳米粒子的催化作用下，可将 AgNO$_3$ 中的银离子还原成银原子，银原子通过成核生长在银纳米粒子表面形成银纳米团簇，致使银纳米粒子粒径增大(图 3.21)，从而引起溶液颜色变化。多巴胺的裸眼检测限为 1μmol/L，紫外-可见吸收光谱检测限为 0.04μmol/L，线性范围是 0.05～16μmol/L，可用于人体血清中多巴胺的检测。

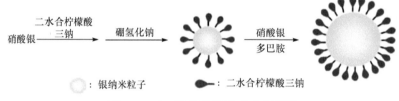

图 3.21　多巴胺的检测机理示意图[28]

在银纳米三角片和葡萄糖氧化酶共存条件下，向体系中加入葡萄糖，葡萄糖能与葡萄糖氧化酶反应生成 H$_2$O$_2$，而 H$_2$O$_2$ 能够溶蚀银纳米三角片，使其变为圆盘状或者球状，从而引起银纳米粒子 SPR 吸收的变化及溶胶颜色的改变。基于该机理，安徽师范大学夏云生等[29]开发了葡萄糖的比色检测方法(图 3.22)。银纳米

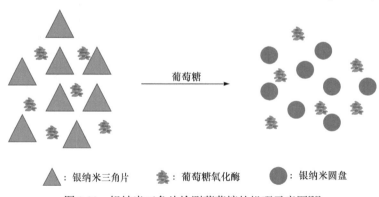

图 3.22　银纳米三角片检测葡萄糖的机理示意图[29]

三角片吸光强度及溶胶颜色变化的程度与体系中葡萄糖的浓度相关，该方法的线性检测范围是 0.2～100μmol/L。

3.3　本 章 小 结

相较于仪器分析法，贵金属纳米粒子比色检测法具有操作简单、速度快、灵敏度高等特点，适用于有机小分子的现场、实时检测。但贵金属纳米粒子比色检测法同样存在一些缺点：检测方法的线性范围窄；一种方法只能用于特定的有机小分子或者某类有机小分子的检测，检测某种有机小分子需要开发专门的检测方法，缺乏普适性；无法检测未知有机小分子；检测结果准确性较传统仪器方法差；比色检测法的相关报道很多，但大多数都处于实验室阶段，很难真正应用于实际样品的检测。目前，贵金属纳米粒子比色检测法还缺乏相关国家标准作为参照，从而很难评价某种方法的实际应用价值。开发出一种高通量、能同时检测多种有机小分子的方法是研究者未来努力的方向。

参 考 文 献

[1] 傅若农. 国内气相色谱近年的进展[J]. 分析试验室, 2003, (2): 94-107.

[2] 傅若农. 气相色谱近年的发展[J]. 色谱, 2009, (5): 584-591.

[3] 王昕. 高效液相色谱研究进展[J]. 光明中医, 2011, (1): 56-58.

[4] 师治贤, 刘梅, 杨月琴, 等. 液相色谱分析进展[J]. 分析试验室, 2003, (5): 99-108.

[5] 户桂涛, 范云场, 董兴, 等. 电化学传感器在食品分析中的应用进展[J]. 材料导报, 2015, (19): 40-45.

[6] 李树田. 分离/分析联用技术与仪器[J]. 分析仪器, 1982, (1): 40-41.

[7] Kang J Y, Zhang Y J, Li X, et al. A rapid colorimetric sensor of clenbuterol based on cysteamine modified gold nanoparticles[J]. ACS Applied Materials & Interfaces, 2016, 8(1): 1-5.

[8] Chi H, Liu B H, Guan G J, et al. A simple, reliable and sensitive colorimetric visualization of melamine in milk by unmodified gold nanoparticles[J]. Analyst, 2010, 135(5): 1070-1075.

[9] Liang X S, Wei H P, Cui Z Q, et al. Colorimetric detection of melamine in complex matrices based on cysteamine-modified gold nanoparticles[J]. Analyst, 2011, 136(1): 179-183.

[10] 付田, 曹锦轩, 潘道东, 等. 基于 DNA 核酸适配体序列的超灵敏比色法检测牛乳中的雌二醇[J]. 食品科学, 2017, (8): 264-270.

[11] 丛妍斌, 郑永红, 郑莉, 等. 基于金纳米粒子比色法检测全氟辛烷磺酸[J]. 光谱学与光谱分析, 2015, (1): 189-192.

[12] Sun J Y, Ge J C, Liu W M, et al. Highly sensitive and selective colorimetric visualization of streptomycin in raw milk using Au nanoparticles supramolecular assembly[J]. Chemical Communications, 2011, 47(35): 9888-9890.

[13] Halliwell J, Gwenin C. A label free colorimetric assay for the detection of active botulinum

neurotoxin type A by SNAP-25 conjugated colloidal gold[J]. Toxins, 2013, 5(8): 1381-1391.

[14] 王文凤, 吴世嘉, 马小媛, 等. 基于纳米金标记-适配体识别的伏马菌素 B1 检测新方法[J]. 食品与生物技术学报, 2013, (5): 501-508.

[15] 王鹤. 功能化纳米银在食品分析中的应用[D]. 南昌: 南昌大学, 2016.

[16] Jiang Y, Zhao H, Lin Y Q, et al. Colorimetric detection of glucose in rat brain using gold nanoparticles[J]. Angewandte Chemie(International Edition), 2010, 49(28): 4800-4804.

[17] 智文婷. 基于核酸探针检测四环素和卡那霉素的应用研究[D]. 扬州: 扬州大学, 2013.

[18] Yang C, Wang Y, Marty J L, et al. Aptamer-based colorimetric biosensing of ochratoxin a using unmodified gold nanoparticles indicator[J]. Biosensors & Bioelectronics, 2011, 26(5): 2724-2727.

[19] 罗叶丽. 金纳米粒子比色传感器检测瘦肉精和抗生素的研究与应用[D]. 长春: 吉林大学, 2015.

[20] Cai H H, Wang H, Wang J H, et al. Naked eye detection of glutathione in living cells using rhodamine B-functionalized gold nanoparticles coupled with fret[J]. Dyes and Pigments, 2012, 92(1): 778-782.

[21] Li Y, Wu P, Xu H, et al. Anti-aggregation of gold nanoparticle-based colorimetric sensor for glutathione with excellent selectivity and sensitivity[J]. Analyst, 2011, 136(1): 196-200.

[22] Lee J S, Ulmann P A, Han M S, et al. A DNA-gold nanoparticle-based colorimetric competition assay for the detection of cysteine[J]. Nano Letters, 2008, 8(2): 529-533.

[23] Liu J W, Lu Y. Fast colorimetric sensing of adenosine and cocaine based on a general sensor design involving aptamers and nanoparticles[J]. Angewandte Chemie(International Edition), 2006, 45(1): 90-94.

[24] Wang J, Wang L H, Liu X F, et al. A gold nanoparticle-based aptamer target binding readout for ATP assay[J]. Advanced Materials, 2007, 19(22): 3943-3946.

[25] Zhao W A, Chiuman W, Lam J C F, et al. DNA aptamer folding on gold nanoparticles: From colloid chemistry to biosensors[J]. Journal of the American Chemical Society, 2008, 130(11): 3610-3618.

[26] 陈安逸. 三角片状银纳米粒子的制备及其在可视化检测中的应用研究[D]. 昆明: 昆明理工大学, 2016.

[27] Liu X H, Wang Y, Chen P, et al. Biofunctionalized gold nanoparticles for colorimetric sensing of botulinum neurotoxin a light chain[J]. Analytical Chemistry, 2014, 86(5): 2345-2352.

[28] 冯娟娟, 赵曼, 王海燕. 纳米银比色法检测多巴胺[J]. 高等学校化学学报, 2015, 36(7): 1269-1274.

[29] Xia Y S, Ye J J, Tan K H, et al. Colorimetric visualization of glucose at the submicromole level in serum by a homogenous silver nanoprism-glucose oxidase system[J]. Analytical Chemistry, 2013, 85(13): 6241-6247.

第4章 比色检测法检测农药残留

4.1 引　言

4.1.1 农药的分类

农业在我国生产生活中一直处于重要地位,而农药作为农业密不可分的一部分,防治病虫害,保障农业丰收,确保粮食供应,发挥着重要作用。简单来说,农药是为了保证作物和植物正常的生长,用于预防、消灭或控制病、虫、草和其他有害生物。如今,随着农业的发展与需求,加上施用对象的自然选择、基因变异,农药的种类越来越多。农药的分类有多种方法[1],目前主流的分法有以下几种[2-4]。

1. 按化学成分分

农药从化学成分上来分主要包括有机磷类、有机氯类、拟除虫菊酯类、氨基甲酸酯类、取代脲类、三唑类和苯氧乙酸类等。

在有机磷类农药中,磷酸酯类或硫代磷酸酯类是目前使用最广、品种最多的一类农药。它具有高效、防治对象多、易降解以及成本低等优点,深受广大农民的喜爱,常用的有对硫磷、内吸磷、马拉硫磷、氧乐果、敌百虫及敌敌畏(图4.1)等。

图 4.1　氧乐果、敌百虫和敌敌畏

有机氯类农药组成成分中含有有机氯元素的有机化合物,主要有以苯为原料和以环戊二烯为原料两大类,代表性化合物有滴滴涕(DDT)、氯丹、艾氏剂,具有结构稳定、不易降解、毒性较高等特性。

拟除虫菊酯类农药是模拟天然除虫菊素而合成的一类农药，杀虫谱广，效果好，近几十年来使用量日益增多。

氨基甲酸酯类农药是针对有机磷和有机氯农药的缺点开发出来的一类农药。

2. 按防治对象分

在实际生产中，针对不同的使用目的(防治对象)，可以把农药分为杀虫剂、杀菌剂、杀螨剂、除草剂和植物生长调节剂等(图 4.2)。

杀虫剂针对农作物害虫进行毒杀，按作用方式不同，又可以分为胃毒剂、触杀剂、熏蒸剂、驱避剂、不育剂和昆虫激素等。

杀菌剂主要保护植物不被病原菌入侵，按作用方式不同，又可以分为保护剂、铲除剂、治疗剂、内吸剂和防腐剂。

杀螨剂可以防治螨虫及其虫卵。

除草剂会使农田中杂草枯死或抑制植物生长，按作用方式不同，又可以分为选择性除草剂和灭生性除草剂。

植物生长调节剂用于调节植物的生长发育，按作用方式不同又分为促进剂和抑制农林作物生长剂。

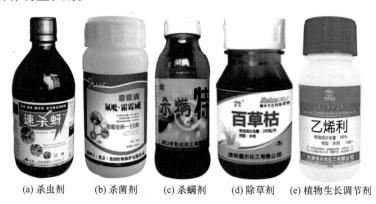

(a) 杀虫剂　　　(b) 杀菌剂　　　(c) 杀螨剂　　　(d) 除草剂　　　(e) 植物生长调节剂

图 4.2　杀虫剂、杀菌剂、杀螨剂、除草剂和植物生长调节剂的各自代表物

3. 其他分类

由于农药种类纷杂，对其分类的方法还有很多种，如根据来源，农药可以分为生物农药和化学农药；从污染物角度来看，可以分为挥发性有机污染物、疏水性有机污染物、水溶性有机污染物和持久性有机污染物等。

4.1.2　农药残留的危害

农药种类繁多，使用频繁，尤其我国是农业大国，对农药的依赖更加严重。

据不完全统计,每年农业生产中施用约 400 种近 21 万吨农药,由于绝大部分农民缺少相应的安全知识,不能准确把握农药的施用方法,盲目喷洒,只看重最终的防治效果,而不考虑农药毒性和农作物的安全,从而导致施用的农药大部分残留在作物的表面,以及随着降雨进入土壤及地下水体系,对环境、作物、饮用水造成了严重的污染,最终通过食物链的累积对人类健康造成极大的伤害。自 20 世纪 80 年代以来,我国每年因农药中毒的人数高达 10 余万,病死率近 20%[5-7]。农药残留带来的危害主要有以下方面。

1. 对于农产品[8]

对多数农药来说,如果按照一定的剂量、规定的施用方法与时间来使用,那么农产品中的农药残留量就不会超过国家标准,危害性极低。然而,不合理地施用农药会使农药大量残留于农产品上,造成农产品的农药残留量大大超过国家标准,这不仅会危及我国人民的健康,也限制了农产品的出口,使我国农产品贸易受损严重。

2. 对于环境[9,10]

农药的大量使用和滥用,不仅使农药残留于农作物上,也会对周围的环境造成污染。一部分农药会残留在农作物上,很大一部分则进入土壤或地表水,从而扰乱土壤的理化性质,破坏微生物环境;另外,还会通过降雨、地表径流、农田渗透以及水田排水等形式进入地下水,对水循环系统造成污染。

3. 对于人类[11]

从食物链来看,农药无论是残留在农产品上,还是水体中,亦或是其他生物体内,最终受害的对象都是人类。通过食物链的富集作用,农药残留对人类的危害会越来越严重。

目前,农药残留所带来的问题日益严重,人们生活中频频发生因农药残留造成的生命安全问题。日常的瓜果蔬菜中被检测出各类农药超标在 20%左右,有的甚至高达 70%;而对于宝贵的水资源,全国各大水域也检测出多种农药超标。伴随而来的是由作物、蔬菜、水果、水体农药残留引发的集体中毒事件逐年递增;同时由于农药残留超标,农产品出口贸易受到严重的打击。因此,农药残留问题的解决刻不容缓[12-14]。

4.2　农药残留检测的挑战及意义

农药残留问题不断危害民众的身心健康,引起了公众对农产品安全问题的担忧与恐慌，甚至会带来不可想象的后果。因此，为了保护人们的身体健康与财产安全，减少农药残留中毒事件，建立一套快速、准确、有效的检测体系，有利于食品安全监管体系的完善，有效遏制农药残留，保障食品安全，为人民生命财产安全保驾护航，提高我国农产品的国际竞争力[15]。针对农药残留的各种问题，农药残留的检测也会存在不可避免的挑战，主要分为以下方面[1]。

(1) 准确性：农药的种类复杂，许多农药的化学结构非常类似，只是某些官能团存在差异，因此如何实现高的特异选择性是开发检测方法时首要解决的难题。

(2) 时效性：由于农药中毒事件的突发性和不确定性，同时涉及更多的是民生问题，为保证日常生活必需品的正常流通，农药残留的检测必须具有时效性，能够快速、有效地给出检测结果。

(3) 低耗性：农药残留检测都是针对日常生活品，流动性大，种类多，因此必须控制成本，做到省时、省力、省钱。

对于如今农药残留问题的局势，检测的时效性与低耗性已经成为重点考虑的两个方面。

4.3　农药残留比色检测法

比色检测法具有操作简单、检测灵敏度高、成本低等优势，可解决农药残留检测中所遇到的困难，现已在农药残留检测领域逐渐得到应用。

4.3.1　以生物材料为修饰剂或反应试剂

生物材料一般是指生物医学材料，具有易合成、可精确调控、无毒等特点，可以发展出以金、银纳米颗粒为基质，不同生物材料作为修饰剂，针对不同农药残留的检测方法。

1. 以乙酰胆碱酯酶作为反应试剂

乙酰胆碱酯酶简称 AChE，主要存在于人类和动物的中枢神经系统中，基本功能是催化水解神经递质——乙酰胆碱，导致神经冲动传递的终止。农药具有杀虫除草的功能，因为农药的化学结构与乙酰胆碱类似，故能与乙酰胆碱酯酶发生活性结合，生成更稳定的物质，从而阻碍上述乙酰胆碱的水解过程。根据这一原理，研究者设计了多种可以高效、便捷地检测农药残留的方法体系。吉林大学孙春燕课题组将柠檬酸根修饰于金纳米粒子的表面，使其带负电荷，通过静电作用，使带正电荷的硫代乙酰胆碱能够很好地连接在金纳米粒子表面，在乙酰胆碱酯酶的作用下发生水解，金纳米粒子发生聚集，对应的溶液颜色由酒红色变成蓝灰色；当有甲胺磷农药存在时，它能够与乙酰胆碱酯酶发生作用，从而抑制硫代乙酰胆碱的水解，使金纳米粒子的聚集程度降低[16]，反应机理如图 4.3 所示。在最佳条件下，甲胺磷的检测限达 1.40ng/mL，该检测方法可用于蔬菜中甲胺磷的检测。

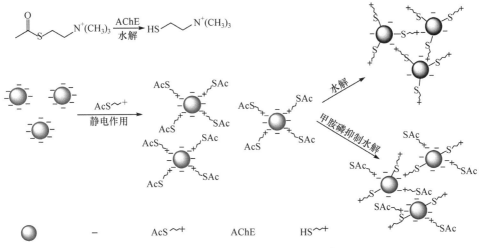

图 4.3　甲胺磷的检测机理示意图[16]

　　国家纳米科学中心蒋兴宇课题组不仅利用农药能与乙酰胆碱酯酶发生作用的原理，还结合荧光效应，设计出能够快速检测四种农药的方法[17]，如图 4.4 所示。

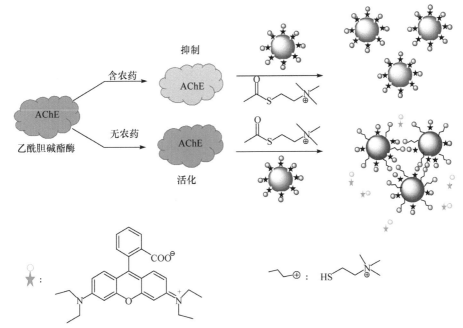

图 4.4　西维因、二嗪磷、马拉硫磷和甲拌磷四种农药的检测[17]

硫代乙酰胆碱在乙酰胆碱酯酶的催化水解作用下，可以使罗丹明 B 修饰的金纳米粒子溶液颜色发生变化(红变蓝)，同时使罗丹明 B 的荧光恢复。然而，农药更容易与乙酰胆碱酯酶发生作用，从而抑制了上述过程的发生，罗丹明 B 修饰的金纳米粒子溶液颜色依旧保持红色，罗丹明 B 发生荧光淬灭。溶液颜色变化的程度以及荧光猝灭的强度均与农药残留的浓度呈线性关系。在最佳检测条件下，该检测方法对西维因、二嗪磷、马拉硫磷和甲拌磷四种农药的检测限分别为 0.1μg/L、0.1μg/L、0.3μg/L 和 1μg/L，均低于欧盟和美国农业部规定的农药残留标准。该检测方法已成功应用于实际食品样品中农药残留的检测。

在农药残留检测中，不仅金纳米粒子得到了很好的应用，以银纳米粒子为基质的检测方法也得到了大量的开发。研究发现，乙酰胆碱水解后会生成含有巯基的硫代胆碱，Ag—S 键的形成造成银纳米粒子的聚集，使银纳米粒子溶液颜色和紫外-可见吸收光谱发生变化；当存在有机磷农药时，它会阻断上述过程的发生，使银纳米粒子溶液颜色和吸收峰不发生变化，且不发生变化的程度与有机磷农药的浓度呈线性关系，从而实现对有机磷农药的检测。如图 4.5 所示，印度韦洛尔理工大学 Mukherjee 等以银纳米粒子为基质，将有机磷农药马拉硫磷与乙酰胆碱酯酶发生作用，同时结合荧光检测，对马拉硫磷的检测限达 0.556fmol/L，远低于其他方法的检测限[18]。

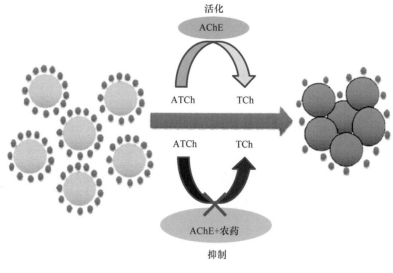

●	：柠檬酸根	AChE	：乙酰胆碱酯酶
○	：银纳米粒子	ATCh	：氯化乙酰硫代胆碱
⬤	：聚集的银纳米粒子	TCh	：硫代胆碱

图 4.5　有机磷农药马拉硫磷的检测[18]

乙酰胆碱酯酶作为修饰剂,除了用金或银作为检测基质以外,研究者选择其他物质作为检测体系。华东师范大学周天舒等利用硫代乙酰胆碱的水解产物可以降低 PAA-CeO$_2$ 催化 3,3′,5,5′-四甲基联苯胺(TMB)氧化变色的原理,开发了敌敌畏的比色检测方法[19]。PAA-CeO$_2$ 可以催化 TMB 氧化变色,硫代乙酰胆碱在乙酰胆碱酯酶的作用下水解生成具有还原性的硫代胆碱,从而降低了 TMB 氧化变色的程度,溶液为浅蓝色或无色;当存在敌敌畏时,它与乙酰胆碱酯酶发生作用,导致硫代乙酰胆碱水解程度降低,生成的还原性物质减少,PAA-CeO$_2$ 催化 TMB 氧化变色,溶液为蓝色(图 4.6),从而达到比色检测敌敌畏的目的。该方法的检测限达 26.73μg/kg。

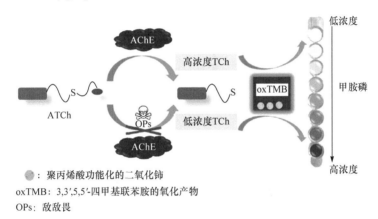

: 聚丙烯酸功能化的二氧化铈
oxTMB:3,3′,5,5′-四甲基联苯胺的氧化产物
OPs:敌敌畏

图 4.6 基于 3,3′,5,5′-四甲基联苯胺染料对敌敌畏农药检测的机理示意图[19]

如图 4.7 所示,泰国朱拉隆功大学 Sukwattanasinitt 等以带有颜色的聚乙二炔为基质,氯化肉豆蔻酰胆碱与聚乙二炔发生作用(①),使其由蓝色变为红色;加入乙酰胆碱酯酶(②),会使氯化肉豆蔻酰胆碱水解,从而避免与聚乙二炔发生反应,颜色保持蓝色;而敌敌畏可以优先与乙酰胆碱酯酶发生作用(③),因此保证了氯化肉豆蔻酰胆碱和聚乙二炔之间的作用,使其蓝色变成红色的过程得以恢复,且恢复程度与敌敌畏的浓度具有很好的线性关系。敌敌畏的裸眼检测限达 50μg/kg,紫外-可见吸收光谱检测限达 7.6μg/kg[20]。

总体来说,以乙酰胆碱酯酶作为反应试剂的比色检测方法,都是基于各类农药能够与乙酰胆碱酯酶发生强的特异性作用的原理,再结合其他手段,来实现对相应农药的精准、快速检测。

2. 以核酸适配体作为修饰剂或反应试剂

核酸适配体是通过指数富集的配体系统进化(SELEX)技术,在体外人工合成的随机寡核苷酸序列库中,反复筛选得到的能以极高的亲和力与靶向分子特异性结合的寡核苷酸序列。总体来看，核酸适配体由几十个核苷酸组成，可以是单链DNA，也可以是 RNA。

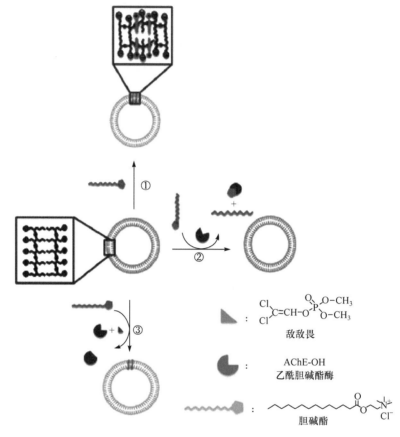

图 4.7　基于聚乙二炔的敌敌畏比色检测方法[20]

核酸适配体是通过 DNA 层面反复筛选得到的，与抗体这类结合体相比具有天然的优势。首先，自然界中存在的任何物质理论上都可以通过 SELEX 技术找到对应的核酸适配体；其次，因为是多次筛选得到，在核苷酸上直接一一识别，所以核酸适配体具有很强的亲和力与特异结合性；更重要的是，核酸适配体制备简单，容易修饰和标记，且稳定性好，能够长期保存。核酸适配体具备的这些特点，使其在检测领域受到了研究者的青睐[21,22]。

在农药残留检测方面，结合核酸适配体的强大优势，只要能够筛选出与农药分子对应的核酸适配体，就可以建立以核酸适配体为识别元素的农药残留快速检测方法。沈阳化工研究院田宇等[23]针对杀虫剂啶虫脒，以金纳米粒子作为基体，设计出两种不同长度的核酸适配体，分别与金纳米粒子溶液混合，当加入一定量的啶虫脒和盐溶液时，啶虫脒与短链核酸适配体相互作用，核酸适配体从金纳米粒子表面脱落，金纳米粒子在高盐浓度下发生聚集，其吸收峰发生红移，溶液的颜色由酒红色变成蓝灰色；而含有长链核酸适配体的检测体系中不会发生金纳米粒子的聚集，反应机理如图 4.8 所示。通过对实验条件的优化，该检测方法对啶虫脒的检测限达 0.5μmol/L，反应时间只需要 10min，可以实现对啶虫脒的快速检测。

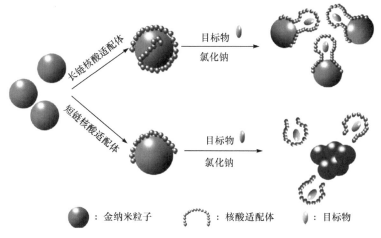

图 4.8　啶虫脒的检测机理示意图[23]

中国农业科学院陈爱亮课题组直接用 DNA 作为适配体，金纳米粒子作为检测基质，在盐溶液中，DNA 适配体包裹于金纳米粒子表面，可以防止金纳米粒子的聚集；而当存在磷农药时，它会与 DNA 适配体结合，金纳米粒子得不到保护从而导致聚集(图 4.9)，溶液的颜色由红色变成蓝色，从而实现了对水胺硫磷、伏杀硫磷、甲胺磷、乙酰甲胺磷、敌百虫和毒死蜱六种有机磷农药的检测，回收率达 72%～135%[24]。

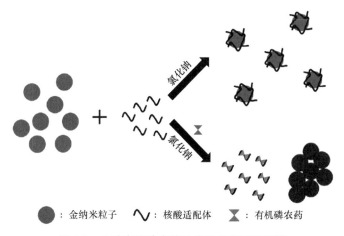

图 4.9　六种有机磷农药的检测机理示意图[24]

　　基于类似机理，韩国高丽大学 Kwon 等[25]以金纳米粒子为基质，设计出一种只对异稻瘟净和克瘟散两种农药有特异选择性的适配体，从而开发了异稻瘟净和克瘟散两种农药的比色检测法，如图 4.10 所示。该检测方法的裸眼检测限分别为 1.67μmol/L 和 38nmol/L，紫外-可见吸收光谱检测限均为 10nmol/L，应用于大米样品中农药残留检测时，回收率达 80%～90%，是一种高效的检测方法。

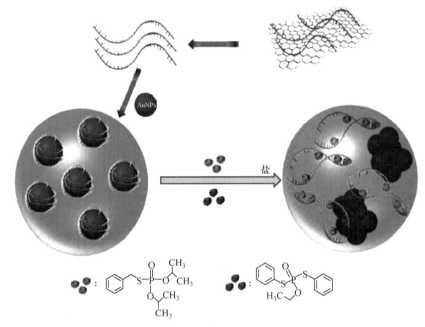

图 4.10　异稻瘟净和克瘟散两种农药的检测机理示意图[25]

　　总体来说，选取诸如乙酰胆碱酯酶、核酸适配体等生物分子标记纳米材料或作为反应试剂，可以显著提高现有分析方法的灵敏度，把纳米材料的光学性质与生物分子的高靶向性完美结合，能够实现对农药残留物的快速、有效、准确检测。

4.3.2　以其他小分子为修饰剂

　　针对各种农药不同的化学结构和物理性质，研究者也开发出许多采用其他小分子作为修饰剂的检测方法，实现了实时、现场、准确检测各种农药的目的。

　　1. 具有荧光效果的小分子

　　当光照射到某些物质上时，会发射出各种颜色和强度不同的可见光，这些可见光称为荧光。根据这一原理，可对该物质进行定性和定量的分析，即荧光分析。荧光分析法是根据物质的量直接决定对应的荧光强度,实现对某物质的定量测定,检测过程中会出现荧光猝灭或荧光增强的现象。荧光猝灭是指荧光物质分子与相关分子之间发生相互作用，导致荧光强度下降的物理或化学过程，其本质是发光分子的激发态寿命缩短的过程[26]。

　　由于荧光分析法具有灵敏度高、选择性好、可测定的参数多等特点，在分析领域得到了非常广泛的应用。研究者把荧光探针与待检测的非荧光或弱荧光物质以共价或者其他形式结合，形成整体具有荧光性的络合物或聚集体，从而实现对待检测物的定性与定量分析。

　　吉林大学孙春燕课题组设计了一种基于量子点的草甘膦荧光检测方法，如图 4.11 所示。制备巯基乙胺修饰的金纳米粒子，使金纳米粒子表面带有正电荷，在具有荧光性的 CdTe 表面修饰巯基醋酸使其带负电荷，由于静电相互作用，金纳米粒子会造成 CdTe 的荧光猝灭；然而，在金纳米粒子溶液中先加入本身为负电的草甘膦时，草甘膦会优先与金纳米粒子作用，造成金纳米粒子的聚集，溶液颜色由酒红色变成蓝灰色，当再加入具有荧光性的 CdTe 时，不会发生荧光猝灭现象，从而实现对草甘膦的定性、定量检测[27]。在最佳检测条件下，草甘膦的检测限达 9.8ng/kg。

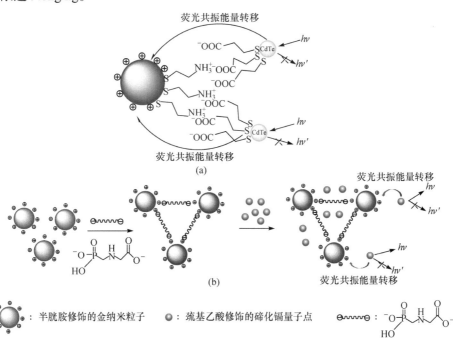

图 4.11　草甘膦的检测机理示意图[27]

中国科学院高能物理研究所吴海臣课题组合成了一种阴离子型聚噻吩衍生

物——PMTEMNa₂荧光材料[28]，利用π—π键的相互作用，PMTEMNa₂能够与百草枯和敌草快两种农药特异性结合(图 4.12)，从而使该荧光材料的光谱性质发生改变，溶液的颜色由亮黄色变成棕黄色，通过颜色变化与荧光光谱性质的改变实现了对上述两种农药的检测，检测限达 1nmol/L。

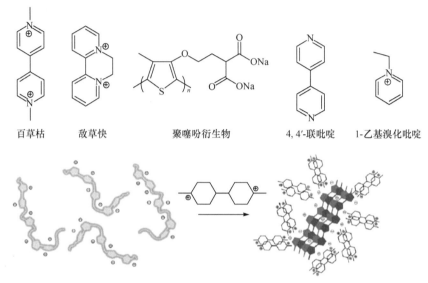

百草枯　　　　敌草快　　　　　　聚噻吩衍生物　　　　　4, 4′-联吡啶　　1-乙基溴化吡啶

图 4.12　百草枯和敌草快两种农药的检测机理示意图[28]

Mn-ZnS 量子点的荧光性可因乙酰胆碱酯酶的催化水解作用而发生荧光猝灭，当存在有机磷农药时，农药分子与乙酰胆碱酯酶发生作用，会使 Mn-ZnS 量子点的荧光性得以保持，检测体系荧光强度的变化与有机磷农药的浓度呈线性关系。基于该机理，安徽师范大学高峰课题组实现了对对氧磷、对硫磷、氧乐果、二甲基磷酸盐四种农药的检测[29]，检测限分别为 0.29ng/L、0.59ng/L、0.67ng/L 和 0.44ng/L。该检测方法可很好地应用于实际样品中这四种农药残留的检测。

在农药残留检测方面，想要达到良好的荧光检测效果，一般需要具备以下三个条件：①荧光探针能够与待检测物质发生牢固的特异性结合；②探针的荧光性对环境条件具有灵敏性；③荧光探针与检测基质之间的作用不影响各自的结构。针对目前的荧光检测方法，需要进一步提高灵敏度和选择性，加强对反应机理的研究，提高仪器的自动化，使检测操作更加简便、快捷。

2. 具有特异性官能团的小分子

对于某些具有特殊官能团的农药，可利用能与该农药发生作用的化学分子结合，实现对农药残留的快速检测。对于含有大量氨基的农药莠去津，哈尔滨工业大学刘广洋等[30]基于巯基乙胺修饰的金纳米粒子开发了其比色检测方法。通过大量氢键的形成，莠去津会导致金纳米粒子的聚集，如图 4.13 所示。溶液的颜色和纳米粒子 SPR 吸收峰发生变化，从而实现对莠去津的检测，检测限达 0.0165μg/g。

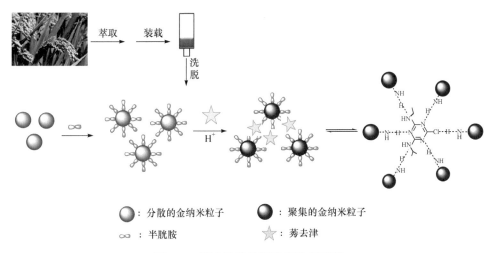

图 4.13　莠去津的检测机理示意图[30]

印度国立理工学院 Kailasa 等[31]以二硫代氨基甲酸盐为基础，在其分子上分别引入羟基和硝基基团，修饰于金纳米粒子表面，通过官能团之间的相互作用，噻虫啉和特丁磷可以使金纳米粒子发生聚集，从而实现对噻虫啉和特丁磷的快速比色检测，如图 4.14 所示。该检测方法的检测限分别为 0.073μmol/L 和 0.6μmol/L，回收率为 97.16%～99.31%。

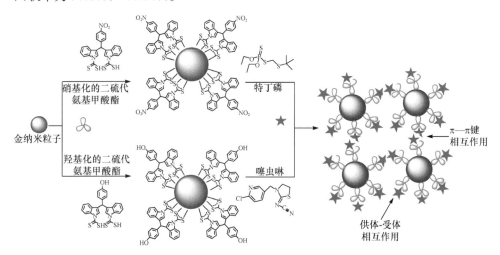

图 4.14　噻虫啉和特丁磷的检测机理示意图[31]

    兰州大学陈兴国等基于巯基乙胺功能化的金纳米粒子开发了草甘膦的比色检测方法[32]。巯基乙胺通过 Au—S 键修饰在金纳米粒子的表面，使金纳米粒子带正电荷；当加入草甘膦时，由于草甘膦含有两个供电子基团，会与带正电荷的金纳米粒子发生静电相互作用，使金纳米粒子发生聚集，如图 4.15 所示，造成其溶液颜色和紫外-可见吸收峰的改变，从而实现对草甘膦的检测，紫外-可见吸收光谱检测限达 58.8nmol/L。

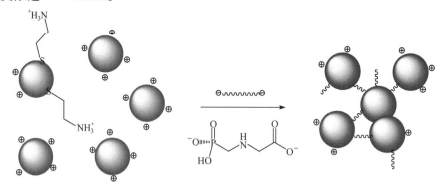

图 4.15　基于巯基乙胺功能化的金纳米粒子对草甘膦的检测机理示意图[32]

    总之，基于特异性官能团的小分子修饰的比色检测法，是利用修饰剂与某些农药特定的官能团可形成一定的化学键的特性，达到特异性检测的效果，但对于具有类似化学结构的农药，该检测手段存在一定的困难。

4.3.3　不加任何修饰剂

    对于一些特定的农药，不需要加入任何修饰剂，只需加入金、银纳米粒子或其他物质，就可以实现对农药残留的检测，操作更加快速、便捷。

    1. 以贵金属纳米粒子为基质的检测方法

    以常见的杀虫剂杀螟丹为例，该农药分子中含有氨基基团，可以通过 Au—N 键很好地连接在金纳米粒子的表面，从而导致金纳米粒子的聚集，如图 4.16 所示，溶液的颜色和紫外-可见吸收峰发生变化。西北农林科技大学王建龙课题组基于此实现了对杀螟丹的检测[33]，检测限达 0.04mg/kg。该检测方法在实际样品检测中也得到了很好的应用。

    采用类似的机理，新加坡国立大学徐清华等利用金核银壳纳米粒子，基于比色检测法并结合双光子光致发光开发出杀螟丹的检测方法[34]。制备出 Au@Ag 纳米粒子，通过 Ag—N 键的形成，杀螟丹致使纳米粒子发生聚集，如图 4.17 所示。溶液的颜色由黄色变为紫色，同时纳米粒子的双光子光致发光强度增强，达到了定性、定量检测杀螟丹的目的，检测限达 6.2μmol/L。

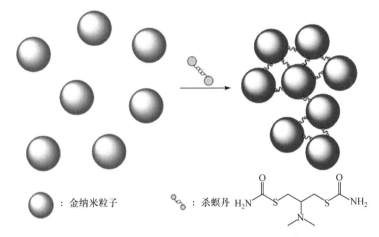

图 4.16　基于金纳米粒子检测杀螟丹的机理示意图[33]

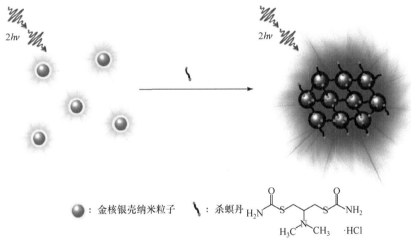

图 4.17　基于 Au@AgNPs 检测杀螟丹的机理示意图[34]

　　希腊约阿尼纳大学 Giokas 等利用 Au—S 键的形成，实现了对有机硫杀菌剂 (二硫代氨基甲酸酯)的检测[35]。该杀菌剂结构简单，含有硫元素，可通过 Au—S 键的形成使金纳米粒子发生聚集，溶液的颜色由红色变为紫色(图 4.18)，从而实现对有机硫杀菌剂的比色检测，检测限达 50μg/L。该检测方法能够很好地应用于实际样品中有机硫杀菌剂的检测。

　　中国科学院宁波材料技术与工程研究所吴爱国研究组基于抗聚集机理利用金纳米粒子及 Pb^{2+} 实现了对草甘膦(GPS)的快速比色检测[36]。检测机理为：一定量的铅离子会造成金纳米粒子的聚集，溶液的颜色由红色变为紫色；先将金纳米粒子溶液与草甘膦混合再加入铅离子，草甘膦非常容易与铅离子螯合，阻止了金纳米粒子聚集的发生(图 4.19)，从而实现对草甘膦的快速比色检测。该检测方法具有很好的选择性和抗干扰性，裸眼检测限为 0.5μmol/L，紫外-可见吸收光谱检测限达 2.38nmol/L。结果表明，该检测体系具有很好的实际应用性。

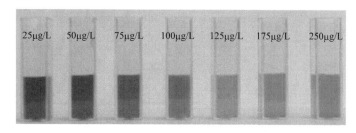

图 4.18　检测有机硫杀菌剂的比色照片[35]

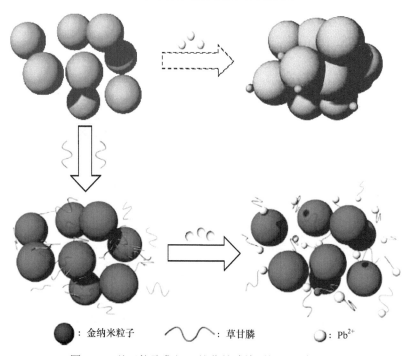

● ：金纳米粒子　　　〰〰〰〰：草甘膦　　　○ ：Pb²⁺

图 4.19　基于抗聚集机理的草甘膦检测机理示意图[36]

中国科学院宁波材料技术与工程研究所吴爱国研究组利用一种金纳米粒子基于不同的机理分别开发了特丁津和乐果的比色检测方法[37](图 4.20)。柠檬酸根离子保护的纳米金带负电荷，特丁津带正电荷，通过静电吸引作用，特丁津会引起金纳米粒子的聚集，从而基于聚集机理实现了对特丁津的快速比色检测；在一定碱性条件下，柠檬酸根离子保护的金纳米粒子不稳定，会发生聚集，而乐果在强碱性条件下发生水解，水解产物带负电荷，能够使金纳米粒子更加稳定(图 4.20)，

从而基于抗聚集机理实现了对乐果的快速比色检测。两种农药的裸眼检测限分别
是 0.3μmol/L 和 20nmol/L。

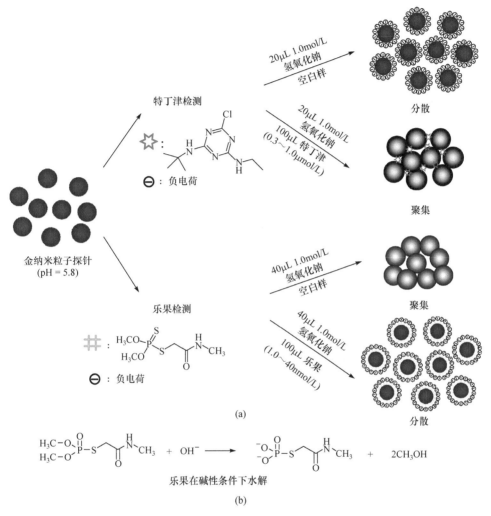

图 4.20　特丁津和乐果的检测机理示意图[37]

2. 以其他物质为基质的检测方法

此外，有研究者发现用其他物质作为基质，也可实现对某种农药的直接检测。
中国科学院长春应用化学研究所唐纪琳研究组提出了一种不需要添加任何修饰
剂，直接用简单的化学试剂即可实现草甘膦检测的方法[38]，如图 4.21 所示。在
H_2O_2 存在的情况下，Cu^{2+} 可以催化 3,3',5,5'-四甲基联苯胺(TMB)染料氧化变色；
草甘膦可以与 Cu^{2+} 发生络合作用。因此，一旦溶液中存在草甘膦，就会削弱或阻

止上述催化过程的发生，且溶液颜色及吸光度变化程度与草甘膦的浓度呈线性关系。草甘膦的裸眼和紫外-可见吸收光谱检测限分别为 10μmol/L 和 1μmol/L，该检测方法在实际样品检测中也显示了很好的选择性与抗干扰性。

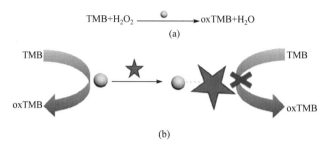

图 4.21　以 3,3',5,5'-四甲基联苯胺染料为基质检测草甘膦的机理示意图[38]

美国西密歇根大学 Obare 等合成了一种氮杂芪衍生物(图 4.22)，该物质可以与乙硫磷、马拉硫磷、对硫磷、倍硫磷四种农药发生作用，其光学及电化学性质发生改变，从而开发出用一种物质同时对四种农药进行检测的方法[39]。

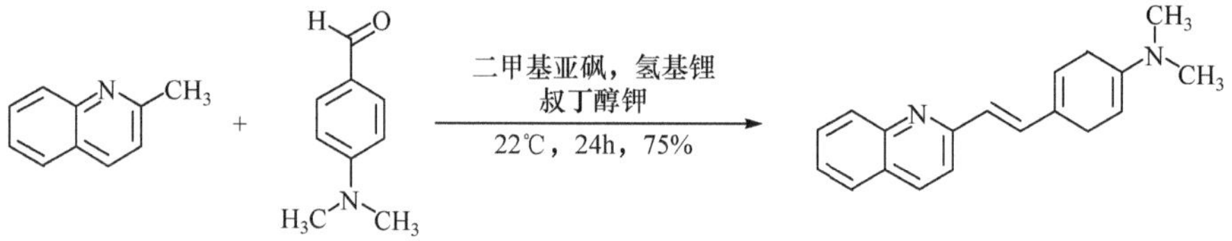

图 4.22　氮杂芪衍生物的合成过程示意图[39]

总体来看，不采用任何修饰剂的农药残留检测体系较少，主要是因为需要找到不仅具有特殊官能团，还在宏观上能够表现出颜色变化的载体。

4.4　本 章 小 结

在农药残留检测领域，比色检测法由于其特有的优势已经逐渐被广泛研究，无论是用生物分子还是具有功能团的有机小分子等作为修饰剂，以及不需要任何修饰剂的检测方法，都是利用纳米材料独特的理化性质与待检测农药特殊的性质的特异性结合，通过宏观颜色和微观现象的变化进行定性、定量分析。比色检测法快速有效、精准测定、测试时间短且成本低，能够很好地解决在农药残留检测中遇到的困难。但是，由于农药种类繁多，且检测环境复杂，比色检测法在农药残留检测中的应用仍需要不断完善。

参 考 文 献

[1] 高俊娥, 李盾, 刘铭钧. 农药残留快速检测技术的研究进展[J]. 农药, 2007, (6): 361-364, 371.

[2] 王晓光, 宋阳. 农药的新分类及性能[J]. 林业科技, 2003, (6): 25-27.

[3] 梁皇英, 何祖钿. 农药的分类、剂型与使用[J]. 山西农业科学, 1990, (1): 33-36.

[4] 林实. 农药的分类[J]. 新农业, 1985, (13): 31.

[5] Chen S, Gu S, Wang Y, et al. Exposure to pyrethroid pesticides and the risk of childhood brain tumors in east China[J]. Environmental Pollution, 2016, 218: 1128-1134.

[6] Li R X, Yang C P, Chen H, et al. Removal of triazophos pesticide from wastewater with Fenton reagent[J]. Journal of Hazardous Materials, 2009, 167(1-3): 1028-1032.

[7] 伍小红, 李建科, 惠伟. 农药残留对食品安全的影响及对策[J]. 食品与发酵工业, 2005, (6): 80-84.

[8] 崔伟伟, 张强斌, 朱先磊. 农药残留的危害及其暴露研究进展[J]. 安徽农业科学, 2010, (2): 883-884, 889.

[9] 张伟莹. 农药与环境[J]. 农业与技术, 2016, (8): 239.

[10] 张玉明, 孟明明, 雷清江. 农药对环境的危害及预防措施[J]. 林业勘查设计, 2010, (3): 32-33.

[11] 阿依努尔·阿德力汗, 别力克波力·阿德力汗, 加依娜古丽·夏依扎提. 农药残留对人体健康的危害效应及毒理机制[J]. 黑龙江科技信息, 2012, (19): 48-49.

[12] Liu Y H, Li S L, Ni Z L, et al. Pesticides in persimmons, jujubes and soil from China: Residue levels, risk assessment and relationship between fruits and soils[J]. Science of the Total Environment, 2016, 542: 620-628.

[13] Xu X, Li C, Sun J, et al. Residue characteristics and ecological risk assessment of twenty-nine pesticides in surface water of major river-basin in China[J]. Asian Journal of Ecotoxicology, 2016, 11(2): 347-354.

[14] 罗小勇. 农药残留及其对策[J]. 中国农学通报, 2009, (18): 344-347.

[15] 张秀玲. 中国农产品农药残留成因与影响研究[D]. 无锡: 江南大学, 2013.

[16] Li H K, Guo J J, Ping H, et al. Visual detection of organophosphorus pesticides represented by mathamidophos using Au nanoparticles as colorimetric probe[J]. Talanta, 2011, 87: 93-99.

[17] Liu D B, Chen W W, Wei J H, et al. A highly sensitive, dual-readout assay based on gold nanoparticles for organophosphorus and carbamate pesticides[J]. Analytical Chemistry, 2012, 84(9): 4185-4191.

[18] Kumar D N, Alex S A, Kumar R S S, et al. Acetylcholinesterase inhibition-based ultrasensitive fluorometric detection of malathion using unmodified silver nanoparticles[J]. Colloids and Surfaces A—Physicochemical and Engineering Aspects, 2015, 485: 111-117.

[19] Zhang S X, Xue S F, Deng J J, et al. Polyacrylic acid-coated cerium oxide nanoparticles: An oxidase mimic applied for colorimetric assay to organophosphorus pesticides[J]. Biosensors & Bioelectronics, 2016, 85: 457-463.

[20] Pimsen R, Khumsri A, Wacharasindhu S, et al. Colorimetric detection of dichlorvos using polydiacetylene vesicles with acetylcholinesterase and cationic surfactants[J]. Biosensors &

Bioelectronics, 2014, 62: 8-12.

[21] Cao F Q, Lu X W, Hu X L, et al. In vitro selection of DNA aptamers binding pesticide fluoroacetamide[J]. Bioscience Biotechnology and Biochemistry, 2016, 80(5): 823-832.

[22] Li H X, Rothberg L J. Label-free colorimetric detection of specific sequences in genomic DNA amplified by the polymerase chain reaction[J]. Journal of the American Chemical Society, 2004, 126(35): 10958-10961.

[23] Tian Y, Wang Y, Sheng Z, et al. A colorimetric detection method of pesticide acetamiprid by fine-tuning aptamer length[J]. Analytical Biochemistry, 2016, 513: 87-92.

[24] Bai W H, Zhu C, Liu J C, et al. Gold nanoparticle-based colorimetric aptasensor for rapid detection of six organophosphorous pesticides[J]. Environmental Toxicology and Chemistry, 2015, 34(10): 2244-2249.

[25] Kwon Y S, Nguyen V T, Park J G, et al. Detection of Iprobenfos and Edifenphos using a new multi-aptasensor[J]. Analytica Chimica Acta, 2015, 868: 60-66.

[26] Nsibande S A, Forbes P B C. Fluorescence detection of pesticides using quantum dot materials—A review[J]. Analytica Chimica Acta, 2016, 945: 9-22.

[27] Guo J J, Zhang Y, Luo Y L, et al. Efficient fluorescence resonance energy transfer between oppositely charged CdTe quantum dots and gold nanoparticles for turn-on fluorescence detection of glyphosate[J]. Talanta, 2014, 125: 385-392.

[28] Yao Z Y, Hu X P, Ma W J, et al. Colorimetric and fluorescent dual detection of paraquat and diquat based on an anionic polythiophene derivative[J]. Analyst, 2013, 138(19): 5572-5575.

[29] Zhang R, Li N, Sun J Y, et al. Colorimetric and phosphorimetric dual-signaling strategy mediated by inner filter effect for highly sensitive assay of organophosphorus pesticides[J]. Journal of Agricultural and Food Chemistry, 2015, 63(40): 8947-8954.

[30] Liu G Y, Wang S S, Yang X, et al. Colorimetric sensing of atrazine in rice samples using cysteamine functionalized gold nanoparticles after solid phase extraction[J]. Analytical Methods, 2016, 8(1): 52-56.

[31] Kailasa S K, Rohit J V. Tuning of gold nanoparticles analytical applications with nitro and hydroxy benzylindole-dithiocarbamates for simple and selective detection of terbufos and thiacloprid insecticides in environmental samples[J]. Colloids and Surfaces A—Physicochemical and Engineering Aspects, 2017, 515: 50-61.

[32] Zheng J M, Zhang H J, Qu J C, et al. Visual detection of glyphosate in environmental water samples using cysteamine-stabilized gold nanoparticles as colorimetric probe[J]. Analytical Methods, 2013, 5(4): 917-924.

[33] Liu W, Zhang D H, Tang Y F, et al. Highly sensitive and selective colorimetric detection of cartap residue in agricultural products[J]. Talanta, 2012, 101: 382-387.

[34] Yuan P Y, Ma R Z, Xu Q H. Highly sensitive and selective two-photon sensing of cartap using Au@Ag core-shell nanoparticles[J]. Science China—Chemistry, 2016, 59(1): 78-82.

[35] Giannoulis K M, Giokas D L, Tsogas G Z, et al. Ligand-free gold nanoparticles as colorimetric probes for the non-destructive determination of total dithiocarbamate pesticides after solid phase extraction[J]. Talanta, 2014, 119: 276-283.

[36] Zhou Z W, Zhang Y J, Kang J Y, et al. Detection of herbicide glyphosates based on an anti-aggregation mechanism by using unmodified gold nanoparticles in the presence of Pb^{2+}[J]. Analytical Methods, 2017, 9: 2890-2896.

[37] Chen N Y, Liu H Y, Zhang Y J, et al. A colorimetric sensor based on citrate-stabilized AuNPs for rapidpesticide residue detection of terbuthylazine and dimethoate[J]. Sensors and Actuators B—Chemical, 2018, 255: 3093-3101.

[38] Chang Y Q, Zhang Z, Hao J H, et al. A simple label free colorimetric method for glyphosate detection based on the inhibition of peroxidase-like activity of Cu(Ⅱ)[J]. Sensors and Actuators B—Chemical, 2016, 228: 410-415.

[39] De C, Samuels T A, Haywood T L, et al. Dual colorimetric and electrochemical sensing of organothiophosphorus pesticides by an azastilbene derivative[J]. Tetrahedron Letters, 2010, 51(13): 1754-1757.

第5章 重金属离子吸附

5.1 引　言

5.1.1 重金属离子的吸附去除方法

在重金属离子污染水环境的防治过程中，不仅要求实现快速现场检测，还需发展简便、高效的处理方法，来净化水体中的重金属离子。现有的重金属离子去除方法包括化学沉淀法、电解法、溶剂萃取分离法、离子交换法、膜分离法、生物絮凝法和吸附法等。其中，吸附法由于具有操作简单、处理效率高、吸附剂可循环使用等优点，受到研究者的广泛关注。开发绿色、低成本、安全的吸附剂去除重金属离子极具潜力和应用前景[1-3]。

5.1.2 常见吸附材料的介绍

被广泛应用和开发的吸附材料主要有壳聚糖[4-7]、活性炭[8]、β 环糊精[9,10]、海藻酸盐[11, 12]等。

壳聚糖由甲壳类生物体内的几丁质经过脱乙酰作用形成，这种天然高分子具有生物官能性和相容性、血液相容性、安全性、微生物降解性等优良性质，常在食品工业中作为天然、无毒的保鲜剂、絮凝剂，用于吸附水中的 Cd^{2+}、Hg^{2+}、Cu^{2+} 等[5,6]。

活性炭是一种黑色多孔固体炭质，来源广，具有很强的吸附性能，在工业上作为一种用途极广的吸附剂。其来源不同，种类不同，用途也有所区别，目前主要应用于食品饮料、医药、水处理、化工等领域[8]。

β 环糊精广泛应用于有机化合物分离及有机合成，也常用来作为制备吸附剂的骨架，加以修饰可开发出功能各异的吸附剂[9]。

海藻酸钠是一种从棕色海藻内提取的天然多糖，可作为吸附剂广泛使用，因其无毒性，且具有良好的生物相容性、较低的成本，应用前景非常广阔[11]。

类似地，农作物生物改性吸附剂也常见诸报道，如由各类植物体碳化制备而来的碳气凝胶，具有来源广泛、易回收、毒性小、生物相容性好、比表面积大等优点，进一步通过修饰功能基团增加吸附容量，工业化应用前景较为广阔，此外更多快速、便捷的吸附剂也有待开发。

5.1.3　部分基于生物材料改性的吸附剂

以壳聚糖为基体负载在尼龙膜上制成一类常见的金属吸附剂[13]，这些使用壳聚糖作为基础架构的吸附剂极具应用价值，其所富含的氨基和羟基是有效的金属黏合剂，做成膜可提高有机物和无机物的相容性，使混合结构更加稳定。

海藻酸钙包覆磁珠纳米粒子能从水中有效地去除 Cu^{2+}，这种吸附剂的多孔结构提供了高比表面积，同时富含大量氨基供 Cu^{2+} 结合，其最大吸附容量可达 $120mg/g$[14]。

海藻酸钙气凝胶是一种可重复利用的重金属离子吸附剂，对 Pb^{2+} 有较高的吸附能力和选择性，通过简单的酸处理即可重复使用，制备方法简单、环境友好、成本低[15]。

此外，还可从废弃的农作物中提取木质素，与海藻酸钙结合制备吸附剂，对 Ni^{2+}、Cd^{2+} 有较好的吸收性能，可应用于实际工业废水中重金属离子的去除，而生物吸附剂的解吸和重复使用过程是环境友好的[16]。

5.2　生物材料改性吸附剂

5.2.1　海藻酸类吸附剂

印度 Autonomous 学院的 Asthana 等[14]制备了海藻酸钙-四氧化三铁磁性吸附剂，用于吸附水溶液中的 Cu^{2+}。先将 Fe^{2+} 和 Fe^{3+} 按照 1：2 的比例在氢氧化铵的作用下，经加热搅拌形成磁性四氧化三铁纳米粒子，再将其滴加至甘氨酸溶液中，真空干燥得到甘氨酸修饰的磁性纳米粒子，随后将其与海藻酸钠溶液混合搅拌，滴入钙离子溶液，最终得到吸附剂。该吸附剂的内部结构及吸附机理如图 5.1 所示。

海藻酸钙-四氧化三铁磁性吸附剂富含羟基、羧基、氨基，能与 Cu^{2+} 有效结合，因此对 Cu^{2+} 的吸附效果甚佳，最大吸附容量可达 $120mg/g$，适宜的 pH 是 4～7，pH 低于 4 时氨基质子化，pH 高于 7 时生成氢氧化铜沉淀。该吸附剂在吸附完成后，用外部磁铁即可实现固液分离，具体的吸附及分离过程如图 5.2 所示。这种吸附剂是典型的有机-无机复合吸附剂[14]。不足之处在于，海藻酸钙-四氧化三铁磁性吸附剂循环使用三次后吸附效率明显下降。

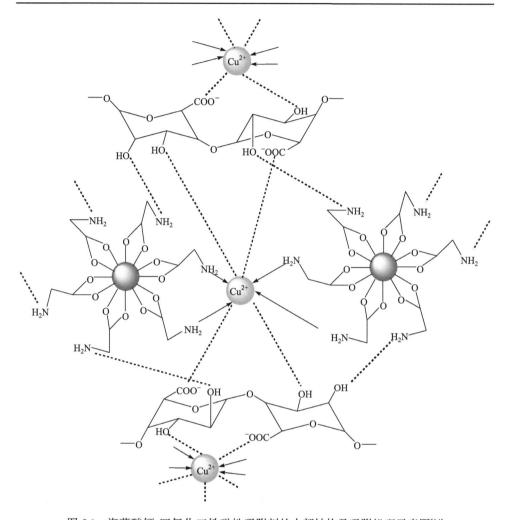

图 5.1　海藻酸钙-四氧化三铁磁性吸附剂的内部结构及吸附机理示意图[14]

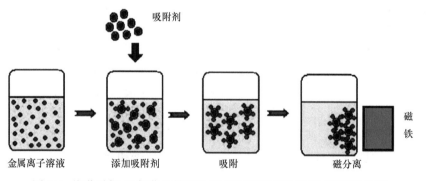

图 5.2　海藻酸钙-四氧化三铁磁性吸附剂的吸附和分离过程示意图[14]

　　印度桑特·隆格瓦尔工程技术学院的 Mahajan 等[16]收集当地木质素含量丰富的植物,与海藻酸钙结合制备了 Cd^{2+} 吸附剂。首先将含木质素的植物用热水处理,然后在 60℃空气下干燥,经分子筛挑选大小后,和海藻酸钠溶液持续搅拌,最后滴加到氯化钙溶液中静置 24h,生成水凝胶,保存在 2%的氯化钙溶液中。该吸附剂适用的 pH 范围是 2~7,在 pH 为 6 时吸附效果最佳(图 5.3),反应时间为 1h,循环使用 10 次后重金属离子脱附率稍有下降,说明该吸附剂可以多次重复使用(图 5.4)。该吸附剂在实际工业废水中表现出良好的吸附性能,对 Cd^{2+} 能达到 99% 的吸附率。该吸附剂由典型的纯天然产物制备得到,环境友好,具有极高的应用前景。

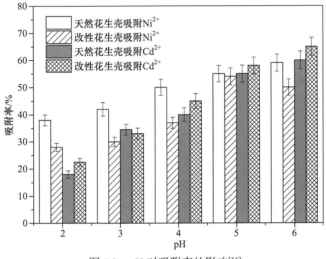

图 5.3　pH 对吸附率的影响[16]

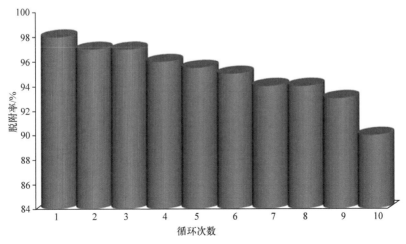

图 5.4　循环使用后的脱附率[16]

　　中国科学院宁波材料技术与工程研究所吴爱国研究组的汪竹青等[15]将不同浓度的海藻酸钠溶液滴加到钙离子溶液中，经真空冷冻干燥制得海藻酸钙气凝胶吸附剂。该吸附剂所用材料来源广泛、成本低、环境友好、制备过程简便、易脱附、易过滤，pH 范围为 3～7 的水体均能适用，温度的变化对吸附效果影响不大，对 Cu^{2+}、Pb^{2+} 的有效吸附容量大，分别为 103.8mg/g 和 390.7mg/g，因此具有良好的潜在应用价值。X 射线光电子能谱(XPS)等表征结果显示该吸附剂的吸附机理主要是离子交换和化学配位作用，如图 5.5 所示。使用稀硝酸处理后可再生使用，10 次循环对吸附效果几乎没有影响(图 5.6)。

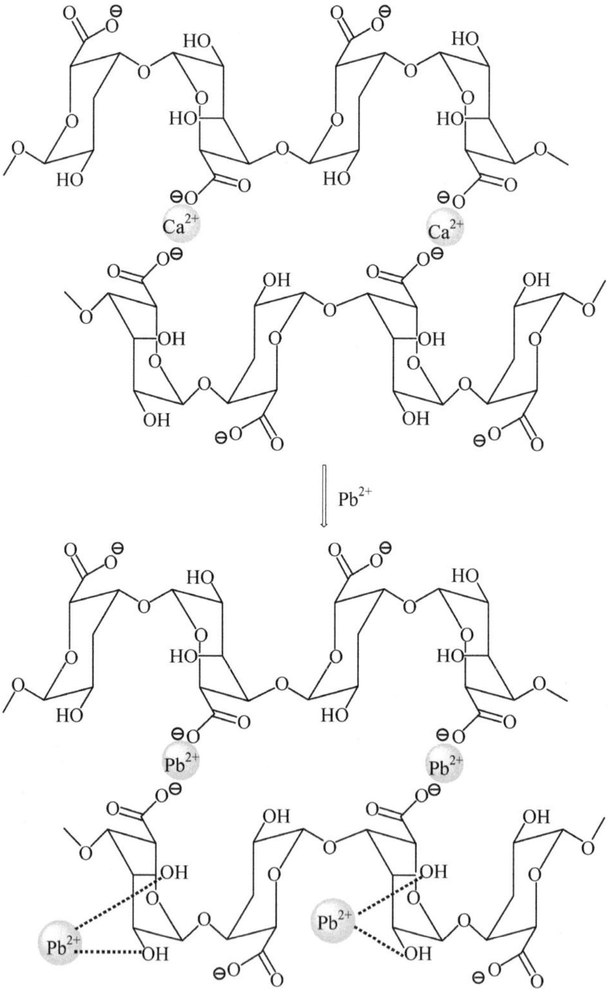

图 5.5　海藻酸钙气凝胶吸附剂的吸附机理示意图[15]

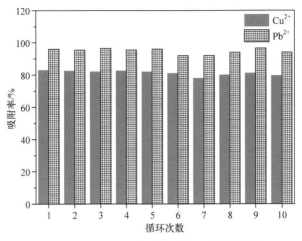

图 5.6　Cu^{2+}、Pb^{2+}的循环再生吸附效果[15]

5.2.2　磁性吸附剂

中国科学院青岛生物能源与过程研究所王海松等用纤维素和壳聚糖包覆四氧化三铁颗粒制成水凝胶，用于重金属离子的去除[17]，该吸附剂的制备过程和基本架构如图 5.7 所示。纤维素的作用是调节吸附剂的机械强度，同时改善水凝胶在酸性条件下的稳定性；壳聚糖作为一种天然的生物相容性多糖，不仅可以使四氧化三铁稳定，阻止颗粒聚集，还提供了游离的氨基以去除重金属离子。包覆磁性四氧化三铁颗粒的纤维素和壳聚糖还具有以下优点：①通过阻止纳米粒子的聚集和氧化，大大提高了其稳定性；②壳聚糖和纤维素富含氨基和羟基等官能团，能增强对重金属离子的吸附能力；③成本低，绿色环保。该吸附剂的吸附容量大，在强酸性条件下仍具有良好的吸附性能；由于内含磁性物质，分离过程简单易行。

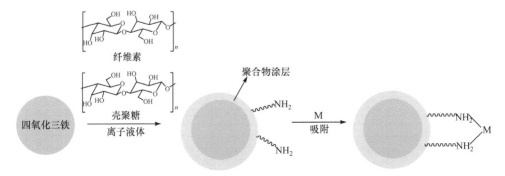

图 5.7　磁性纤维素-壳聚糖水凝胶吸附剂的制备及重金属离子吸附示意图(M 为金属离子)[17]

瑞士联邦理工学院化学和生物工程研究所 Stark 等用碳包覆磁性纳米颗粒，再用螯合剂乙二胺四乙酸二钠盐(EDTA)进行表面修饰，制得吸附剂，用于去除水溶液中的 Cu^{2+}、Pb^{2+}、Cd^{2+}[18]。吸附后的浓度最低达 μg/L 级别，吸附剂的制备过程如图 5.8 所示。该磁性吸附剂能快速、有效地吸附并纯化污水中的重金属离子，由于其具有高饱和磁性，吸附剂易分离。然而，吸附剂的再生效果欠佳，第二次使用时吸附率下降至 65%。

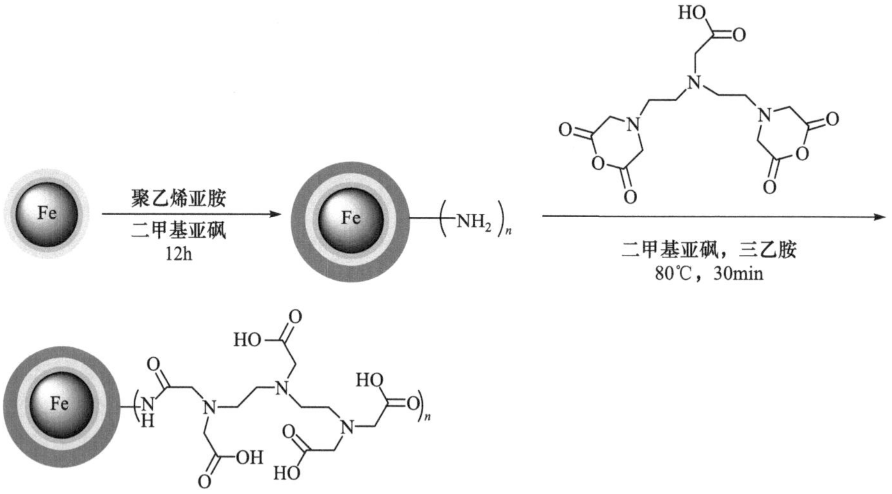

图 5.8 吸附剂制备过程示意图[18]

中国科学院大学材料科学与光电技术学院胡中波等采用一锅合成的简易方法制备了氨基化的四氧化三铁颗粒，用于吸附去除 Cu^{2+}[19]。时间、起始浓度和 pH 对吸附性能的影响分别如图 5.9 和图 5.10 所示。该吸附剂对 Cu^{2+} 的吸附速率极快，

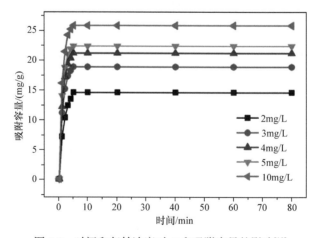

图 5.9 时间和起始浓度对 Cu^{2+} 吸附容量的影响[19]

5min 达到吸附平衡，最佳反应条件是 pH 为 6、温度为 298K，盐度对吸附率影响较小。该吸附剂表现出了高稳定性和良好的再生性，吸附后用稀盐酸处理，1min 内 Cu^{2+} 即可实现完全脱附，且吸附剂再利用时能保持第一次使用的吸附水平。该吸附剂可以去除工业废水中 98%的 Cu^{2+}，循环吸附-脱附可达 15 次，具有极大的实际应用价值。

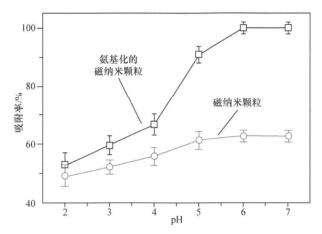

图 5.10　pH 对磁纳米颗粒和氨基化的磁纳米颗粒吸附率的影响[19]

　　加拿大阿尔伯特大学化学材料工程系 Xu 等采用磁性材料修饰沸石分子筛并负载银纳米粒子，基于离子交换原理吸附气相汞[20]。该吸附剂的合成与吸附机理如图 5.11 所示，吸附剂材料的透射电镜图如图 5.12 所示。该复合材料可以

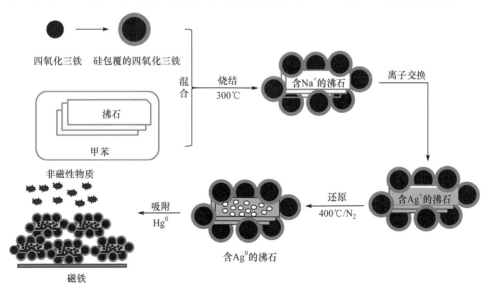

图 5.11　吸附剂的合成与吸附机理示意图[20]

在 200℃的高温下吸附 Hg，适用于从燃煤电厂的烟气中去除汞。这种将磁性材料、沸石与银纳米粒子相结合的吸附材料非常独特，每个设计组件都有特定的功能，具有可实际操作性、可持续、经济环保等优点。

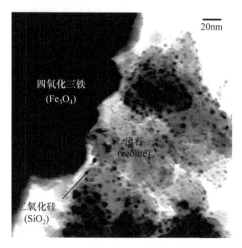

图 5.12　吸附材料的透射电镜图[20]

5.2.3　其他纳米材料吸附剂

土耳其加齐大学 Kalfa 等[21]合成了纳米 B_2O_3/TiO_2，用于分离或预浓缩痕量的 Cd^{2+}，吸附剂的扫描电镜图如图 5.13 所示。在最佳条件下，Cd^{2+}的回收率为 $(96\pm3)\%$，置信水平为 95%，其他常见离子对 Cd^{2+}的浓缩产生干扰。该吸附剂对 Cd^{2+}的吸附容量达 49mg/g，重复使用次数能达到 100 次，在同类吸附剂中表现优异。该吸附剂可用于吸附自来水和茶叶中的 Cd^{2+}。

图 5.13　B_2O_3/TiO_2 的扫描电镜图[21]

伊朗德黑兰大学化学科学院 Ezoddin 等[22]用十二烷基硫酸钠(SDS)和 1-(2-吡啶偶氮)-2-萘酚(SDS-PAN)包覆纳米级 γ-氧化铝制备了新型固相萃取吸附剂, 用于富集和分离水体或草本样品中的 Cd^{2+} 和 Pb^{2+}。SDS-PAN 与纳米氧化铝表面的结合过程如图 5.14 所示。在较宽的 pH 范围内(1~6), 阴离子表面活性剂 SDS 可以通过静电相互作用有效地自组装在 γ-氧化铝表面, PAN 被均匀嵌入胶束中。Cd^{2+} 和 Pb^{2+} 吸附对 pH 具有依赖性(图 5.15), pH 为 7~8 时回收率超过 95%。最佳条件下, 该吸附剂对 Cd^{2+} 和 Pb^{2+} 的吸附容量分别为 11.1mg/g 和 16.4mg/g。用于 500mL 样品吸附时可获得 250 的富集因子, 镉和铅的检测限分别为 0.15μg/L 和 0.17μg/L。该方法应用于实际样品中痕量重金属离子的测定, 结果甚佳。

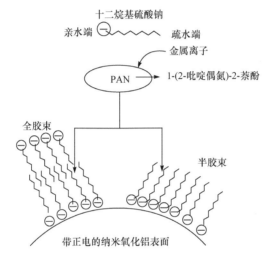

图 5.14　SDS-PAN 与纳米氧化铝表面结合的模式图[22]

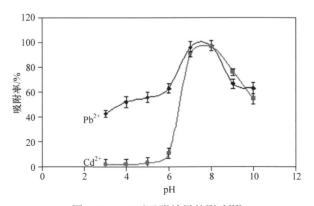

图 5.15　pH 对吸附效果的影响[22]

齐鲁工业大学刘温霞等用简易的水热法在 CTAB 和乙二醇体系中制备了纳米结构的溴氧铋(BiOBr)微球[23], 通过比色检测法测定吸附过程中 Cr(Ⅵ)的残留浓度,适用于 Cr(Ⅵ)的比色检测及吸附回收,该微球也可用于比色检测 Cd^{2+}和 Pb^{2+}。纳米结构的 BiOBr 微球对重金属离子有良好的去除能力,尤其对低浓度重金属离子具有优异的吸附性能,在水净化中具有潜在的应用价值。基于其快速、有效的重金属离子去除能力,研究者还设计了一个连续过滤型水净化装置(图 5.16),使用过程中,1g 吸附剂可以净化约 4900g 铅污染水、5900g 镉污染水,或能将 21500g 的 Cr(Ⅵ)污水(初始浓度为 200μg/L)净化并达到世界卫生组织规定的饮用水标准。该吸附剂对重金属离子良好的去除能力归因于其分层纳米结构产生的大比表面积。不同 Bi 与 Br 比吸附剂的电镜图如图 5.17 所示。

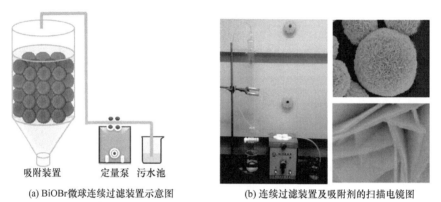

(a) BiOBr微球连续过滤装置示意图   (b) 连续过滤装置及吸附剂的扫描电镜图

图 5.16　连续过滤型水净化装置[23]

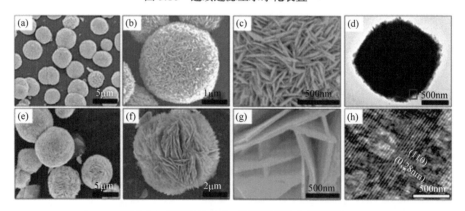

图 5.17　不同 Bi 与 Br 比吸附剂的电镜图[23]

(a)~(c) Bi:Br=1:1 的扫描电镜图; (d) Bi:Br=1:1 的透射电镜图; (e)~(g) Bi:Br=1:5 的扫描电镜图;
(h) Bi:Br=1:1 的高倍透射电镜图

伊朗阿米尔卡比尔理工大学 Razzaz 等[24]利用涂层法和电纺丝技术制备了壳聚糖-二氧化钛纳米纤维复合材料吸附剂,用于吸附去除 Pb^{2+}和 Cu^{2+}。两种吸附剂使用的最优 pH 为 5~6(图 5.18)。它们对 Cu^{2+}的吸附容量分别为 710.3mg/g 和 579.1mg/g,对 Pb^{2+}的吸附容量分别为 526.5mg/g 和 475.5mg/g,45℃时反应时间为 30min。吸附剂的循环使用结果如图 5.19 所示。通过电纺丝制备的壳聚糖-二氧化钛纳米纤维吸附剂可以重复使用，且在 5 次吸附-脱附循环后，吸附性能没有显著的损伤；使用涂层法制备的吸附剂，第一次循环吸附的去除率低于 60%。在二元重金属离子吸附体系中，电纺丝制备的吸附剂对 Cu^{2+} 的选择性优于 Pb^{2+}。

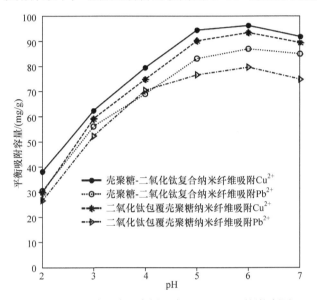

图 5.18　pH 对两种吸附剂吸附 Pb^{2+} 和 Cu^{2+} 的影响[24]

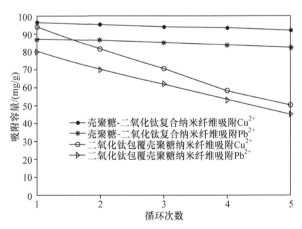

图 5.19　两种吸附剂吸附 Pb^{2+} 和 Cu^{2+} 五次循环的使用效果[24]

5.2.4　生物改性类吸附剂

越南工业大学 Tran 等[25]从稻田中收集凝胶状菌落——越南藻，并进行干燥，首次研究了其对水体中重金属离子的去除性能，该吸附剂的形貌如图 5.20

所示。研究表明，越南藻对重金属离子的吸附具有 pH 依赖性，如图 5.21 所示。吸附 Cu^{2+}、Cd^{2+}、Pb^{2+} 的最佳 pH 分别是 4、5～7 和 5～6，1h 达到吸附平衡，对 Cu^{2+}、Cd^{2+}、Pb^{2+} 的吸附容量分别为 27.78mg/g、28.57mg/g 和 76.92mg/g，三种离子的最大吸附率均超过 90%，用 0.1mol/L 硝酸溶液即可实现对重金属离子的脱附。越南藻经处理后能作为经济、有效的生物吸附剂，可去除污染水体中的有毒重金属。

(a) 新鲜的越南藻　　　　　　　(b) 阳光下晒干三天后的越南藻

图 5.20　吸附剂的形貌[25]

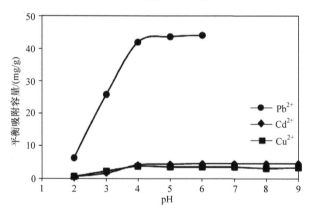

图 5.21　pH 对越南藻吸附 Pb^{2+}、Cd^{2+}、Cu^{2+} 效果的影响[25]

　　巴基斯坦萨戈达大学 Misbah 等用不同的化学方法对苦楝叶进行处理，将其用于吸附 Pb^{2+} 和 Fe^{3+}。其中，吸附效果最好的是采用 NaOH 处理和盐酸处理的吸附材料[26]，如图 5.22 所示。碱处理后对 Pb^{2+} 和 Fe^{3+} 的最大吸附容量分别为 35.06mg/g 和 38.46mg/g，酸处理后对 Pb^{2+} 和 Fe^{3+} 的最大吸附容量分别为 28.5mg/g 和 28.57mg/g。为了检测 NaOH 和 HCl 处理后吸附剂的实际应用效果，将其应用于三批纺织工业废水的处理，结果表明用 NaOH 和 HCl 处理过的苦楝叶吸附效果比未处理的有显著提高，总体去除效率为 57%～74%(图 5.23)。

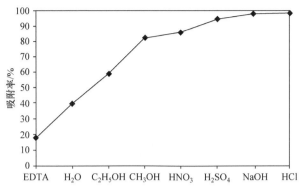

图 5.22　不同化学方法处理的苦楝叶吸附 Pb^{2+} 的效果[26]

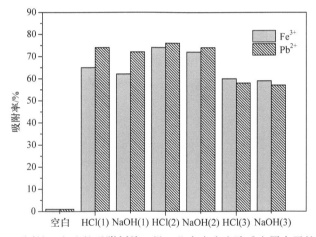

图 5.23　不同处理方法的吸附剂从三批工业废水中去除重金属离子的效果[26]

　　捷克俄斯特拉法技术大学 Motyka 等使用磁改性花生壳作为吸附剂，用于吸附去除水溶液中的 Cd^{2+} 和 Pb^{2+}，吸附过程符合朗缪尔(Langmuir)吸附模型，表明该吸附剂对重金属离子是单层吸附[27]。该吸附剂比表面积大(图 5.24)，中值粒径为 $136\mu m$。吸附前后，吸附剂表面结构无明显变化(图 5.25)。该吸附剂对 Pb^{2+} 和 Cd^{2+} 的最大吸附容量分别是 28.3mg/g 和 7.68mg/g，在两种离子共存的二元体系中，两种离子的吸附容量均减小，对 Pb^{2+} 的亲和力优于 Cd^{2+}，这归因于电子迁移率、扩散系数、离子半径与水合能量的共同影响。该吸附剂的缺点是重金属离子的脱附速率非常低。

　　加拿大魁北克大学 Chabot 等通过静电纺丝技术制备了低成本壳聚糖-聚环氧乙烷纳米纤维吸附剂，壳聚糖通过共用电子对使纳米纤维表面的氨基与 Ni^{2+} 螯合以去除水溶液中的 Ni^{2+}(图 5.26)[28]。该吸附剂对 Ni^{2+} 的最大吸附容量为 227.27mg/g，适宜温度为 75℃，吸附过程是自发吸热化学过程。吸附前后吸附剂的形貌变化如图 5.27 所示。

图 5.24 磁改性花生壳的扫描电镜图(吸附前)[27]

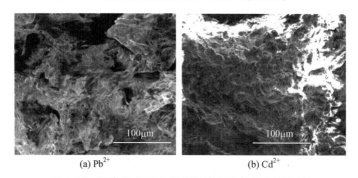

(a) Pb²⁺   (b) Cd²⁺

图 5.25 吸附 Pb²⁺和 Cd²⁺后吸附剂的扫描电镜图[27]

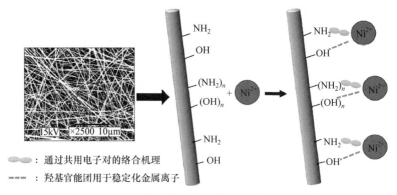

图 5.26 壳聚糖-聚环氧乙烷吸附 Ni²⁺的机理示意图[28]

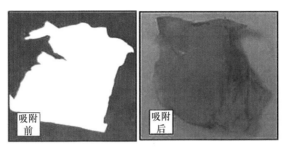

图 5.27　壳聚糖-聚环氧乙烷对 Ni^{2+}吸附前后的照片[28]

5.2.5　复合材料吸附剂

合肥工业大学于少明等[29]采用掺杂法制备了磁改性温石棉纳米管吸附剂，该吸附剂具有空心结构和高饱和磁化强度(图 5.28)。吸附 Pb^{2+}、Cd^{2+}、Cr(Ⅲ)的动态模型分别符合拟二阶模型和朗缪尔模型，可能的吸附机理是静电作用和表面络合作用。该吸附剂在五次循环使用后，吸附性能保持良好(图 5.29)。

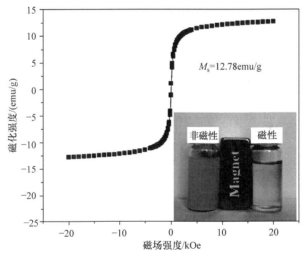

图 5.28　磁性曲线以及磁性材料的分离[29]

1Oe=79.5775A/m

浙江大学何峰等采用原位沉积法将茶叶通过水合氧化锰改性制备了新型复合材料生物吸附剂 HMO-TW[30]，其透射电镜图如图 5.30 所示，主要用于去除水溶液中的 Pb^{2+}、Cd^{2+}、Cu^{2+}和 Zn^{2+}。该吸附剂对这四种离子具有非常好的选择性，即使在 50 倍浓度的钙、镁溶液中，仍然有 30%～90%的吸附效率。pH 对该吸附剂吸附率的影响如图 5.31 所示，随着 pH 的升高，吸附率提高。该吸附剂对四种离子的最大吸附容量分别为 174.3mg/g、78.38mg/g、54.38mg/g 和 37.5mg/g，相比于未修饰的茶叶，吸附效果显著提高，20min 即可达到吸附平衡。使用后的吸附剂可以用 0.5mol/L 的 HCl 进行有效再生。

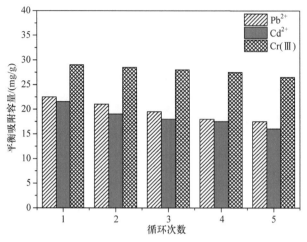

图 5.29　吸附剂吸附 Pb^{2+}、Cd^{2+}、Cr(Ⅲ)的循环使用性能[29]

图 5.30　HMO-TW 吸附剂的透射电镜图[30]

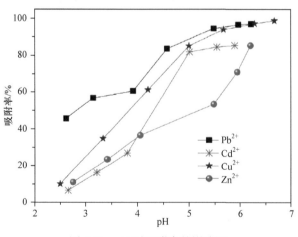

图 5.31　pH 对吸附率的影响[30]

　　中国科学院东北地理与农业生态研究所于洪文等用壳聚糖作为基本原料,在室温下用黄原酸对其进行改性,冷冻干燥后得到黄原酸改性的硫脲壳聚糖海绵(XTCS)吸附剂,可用于水体中 Pb^{2+} 的吸附[31]。该吸附剂的制备方法、形貌、吸附速率及内部结构如图 5.32 所示。吸附剂的海绵结构提高了其稳定性和分离性能,吸附实验结果表明 pH 对 XTCS 吸附性能有显著影响(图 5.33),出现 V 字形是由于磺酸盐容易在酸性溶液中分解而质子化;当 pH 大于 3 时,随着 pH 的升高分解速率降低,会有更多的络合反应发生,从而促进对 Pb^{2+} 的吸附。温度影响曲线(图 5.33)显示,起初吸附能力随温度升高而增强,是由于扩散作用的增强加快了吸附作用,在室温下吸附能力最强;随后缓慢降低,是由于 Pb^{2+} 与吸附剂结合不再稳定。45min 吸附达到平衡,对 Pb^{2+} 的最大吸附容量为 188.04mg/g。拟二级动力学方程和朗缪尔等温线模型适用于描述 XTCS 的吸附过程。XTCS 吸附铅的机理主要是硫、氮原子与 Pb^{2+} 的络合作用,以及 Pb^{2+} 与 Na^+ 的交换作用。

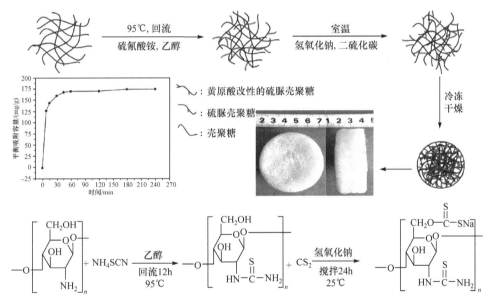

图 5.32　XTCS 吸附剂的制备方法、形貌、吸附速率及内部结构[31]

　　辽宁大学张向东等采用一种简便、绿色的一锅水热法制得了介孔羟基乙酸钛,该材料具有三维 V 形条状结构,比表面积达 246.5m^2/g,通过静电作用和配位作用对水溶液中的重金属离子具有优异的吸附性能,对各离子的吸附容量分别如下:Pb^{2+} 为 225.73mg/g,As(Ⅴ)为 131.93mg/g,As(Ⅲ)为 156.01mg/g[32]。pH 对三价、五价砷的吸附具有显著影响,在低 pH 时由于吸附剂自身的质子化影响了五价砷的吸附效率,pH 升高时,越来越多的氢氧根离子结合五价砷,对五价砷的吸附率显著升高;三价砷在水中不以阴离子形式存在,与吸附剂之间没有静电相互作用,因此受 pH 影响较小, 如图 5.34 所示。

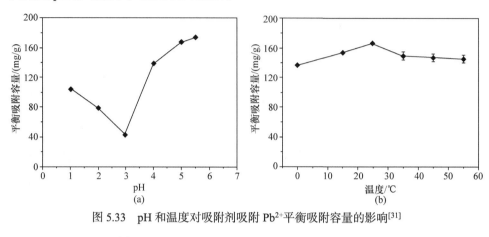

图 5.33　pH 和温度对吸附剂吸附 Pb^{2+} 平衡吸附容量的影响[31]

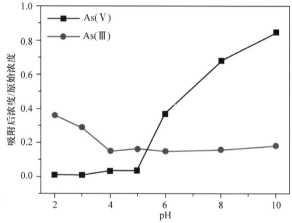

图 5.34　pH 对三价、五价砷吸附率的影响[32]

中国科学院固体物理研究所张云霞等通过氧化石墨烯的自组装和还原以及原位溶液相沉积超薄 δ-二氧化锰纳米片, 制得新型三维石墨烯-二氧化锰气凝胶, 制备过程如图 5.35 所示[33]。石墨烯-二氧化锰是互联的三维网络结构, 大量超薄二氧化锰均匀沉积在石墨烯框架上。所得到的三维气凝胶展现出对重金属离子优异的吸附能力, 根据朗缪尔模型曲线计算对 Pb^{2+}、Cd^{2+}、Cu^{2+} 的最大吸附容量分别为 643.62mg/g、250.31mg/g、228.46mg/g, 作用机理有静电作用、络合和离子交换。用稀酸和稀碱处理八个循环仍然保持原本的形状, 吸附率没有降低, 表明吸附剂具有可持续使用性。该复合材料吸附剂易于分离且不造成二次污染, 去除效率高, 吸附速率快, 具有优异的再生和循环使用性能(图 5.36), 在实际应用中是重金属离子去除的理想选择。

●：甘氨酸　　〰：氧化石墨烯　　〿：三维氧化石墨烯　　▰：二氧化锰

图 5.35　吸附剂的制备过程示意图[33]

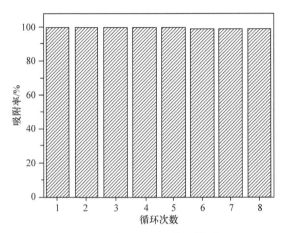

图 5.36　吸附剂的循环使用效果[33]

　　希腊约阿尼纳大学 Manos 等[34]对金属硫化物离子交换吸附剂(MISE)做了总结性评论,该吸附剂由于其软基础框架决定了对软金属离子和相对软金属离子优异的选择性和高吸附速率。由于不需要功能化,该类吸附剂的性能优于大多数硫官能化材料。碱金属离子插层金属二硫化物 Li_xMoS_2 在酸性条件下可以通过离子交换作用有效吸附 Hg^{2+}(图 5.37),200mg/kg 的 Hg^{2+} 吸附后浓度降低至 6.5μg/kg;$K_{2x}Mn_xSn_{3-x}S_6$ 层状吸附剂在空气以及强酸强碱溶液中具有优异的稳定性,其中的 K^+ 非常容易被 Hg^{2+}、Pb^{2+}、Cd^{2+} 取代,吸附 Cd^{2+} 时,吸附剂中的 Mn^{2+} 也会被取代,材料颜色由深棕色变为橘黄色(图 5.38)。

　　上海师范大学郭亚平等将纳米羟基磷灰石与壳聚糖冷冻干燥后进行碱处理,制备了羟基磷灰石-壳聚糖纳米孔吸附剂(HCPMs)[35]。该材料具有互联的孔隙三维结构,大孔尺寸为 150~240mm,孔隙率为 93%,长度 500nm、直径 20nm 的纳米羟基磷灰石棒均匀分散在多孔材料中。当 Pb^{2+} 溶液流经吸附材料时,Pb^{2+} 与材料的官能团形成络合物而被吸附,吸附装置示意图如图 5.39 所示。pH 对 Pb^{2+} 的吸附影响非常大,当 pH 由 7 降低至 2.5 时,吸附容量从 208.0mg/g 增加到 548.9mg/g(图 5.40)。吸附动力学和吸附等温线结果表明,Pb^{2+} 的吸附过程符合拟二级动力学和朗缪尔吸附模型。

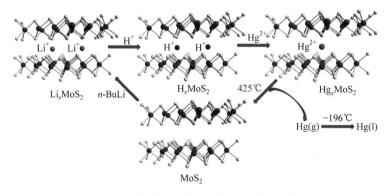

图 5.37　锂离子插层硫化物吸附 Hg²⁺的机理示意图[34]

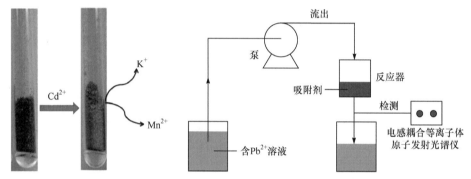

图 5.38　K₂ₓMnₓSn₃₋ₓS₆ 吸附 Cd²⁺
前后的颜色变化[34]

图 5.39　HCPMs 吸附剂吸附 Pb²⁺的装置示意图[35]

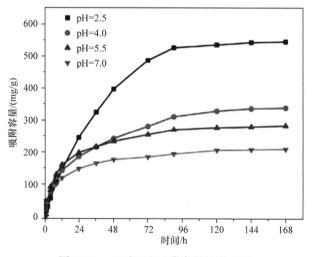

图 5.40　pH 对 Pb²⁺吸附容量的影响[35]

　　天然种子萨比亚可以吸附自重 30 倍的水,容易加载功能金属氧化物。印度国家化学实验室 Biswal 等[36]在萨比亚种子表面包覆四氧化三铁和二氧化钛制得磁性吸附剂(图 5.41),用于净化含有重金属离子的水体。在凝胶状态下,吸附剂吸水膨胀,可以用毫米级孔径的布轻易过滤分离或磁分离。循环使用 5 次后,吸附剂的形貌基本保持不变(图 5.42)。

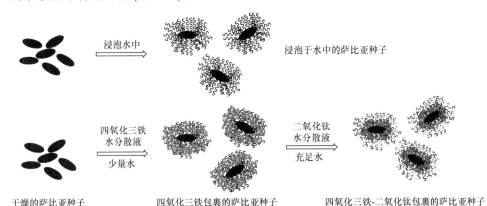

图 5.41　磁性吸附剂的制备过程示意图[36]

图 5.42　磁性吸附剂吸附前及 5 次循环后的形貌图[36]

　　马来西亚理工大学 Ismail 等制备了不同多糖嫁接聚乙烯醇水凝胶[37],基于配位作用可用于去除砷、锰、铬、铁、镍、铜、铅等重金属离子(图 5.43)。用 γ 射线辐照技术处理聚乙烯醇多糖,可以获得性能更优异的凝胶吸附剂(图 5.44)。该吸附剂对铁和砷的最大吸附容量分别为 37075mg/kg 和 22112mg/kg。

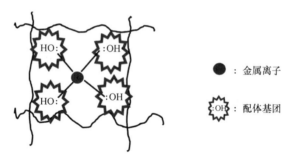

图 5.43　水凝胶与金属离子之间的配位作用[37]

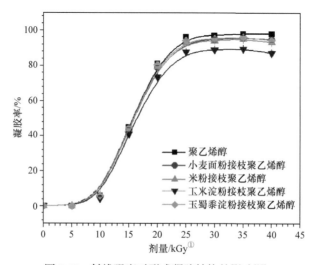

图 5.44　射线强度对形成凝胶结构的影响[37]

伊朗马赞德兰大学 Masoumi 等[38]使用盐酸羟胺通过氰基的酰胺化反应回收丙烯腈-丁二烯-苯乙烯(ABS)三元共聚物废物(图 5.45),得到的改性 ABS(AO-ABS)纳米颗粒具有氰基,能有效去除水溶液中的重金属离子。研究结果表明,重金属离子的吸附过程与朗缪尔等温线一致,符合拟二级动力学模型,对 Pb^{2+}、Cu^{2+}、Cd^{2+}、Zn^{2+}的最大吸附容量分别为 56.5mg/g、56.18mg/g、53.47mg/g 和 51.28mg/g。用稀盐酸解吸 AO-ABS,凝胶吸附剂的活性几乎不受损伤(图 5.46)。因此,酰胺偶联是去除 ABS 废物的合适方法,所得吸附剂适用于大规模的水净化处理。

日本东北大学 Chang 等[39]的综述文章中总结了石墨烯复合材料的制备及其在环境中的应用研究,包括重金属离子的检测与去除、有机物的降解、金属气体传感及细菌的检测与去除。例如,磁铁矿-石墨烯复合材料对三价砷和五价砷离子具有强的结合能力,吸附去除率达 99%,吸附后砷的浓度低至 $1\mu g/kg$;磁性环糊

①　1kg 被辐照物质吸收 1J 的能量为 1Gy(戈瑞),常用 kGy(千戈瑞)表示。

精-氧化石墨烯复合材料对废水中的 Cr(Ⅵ)具有良好的吸附去除性能，吸附容量达 120mg/g，吸附后用碱脱附，重复利用 5 次后吸附率有轻微降低；还原石墨烯-聚吡咯纳米复合材料对 Hg²⁺的最大吸附容量达 980mg/g，是聚吡咯的 2 倍。

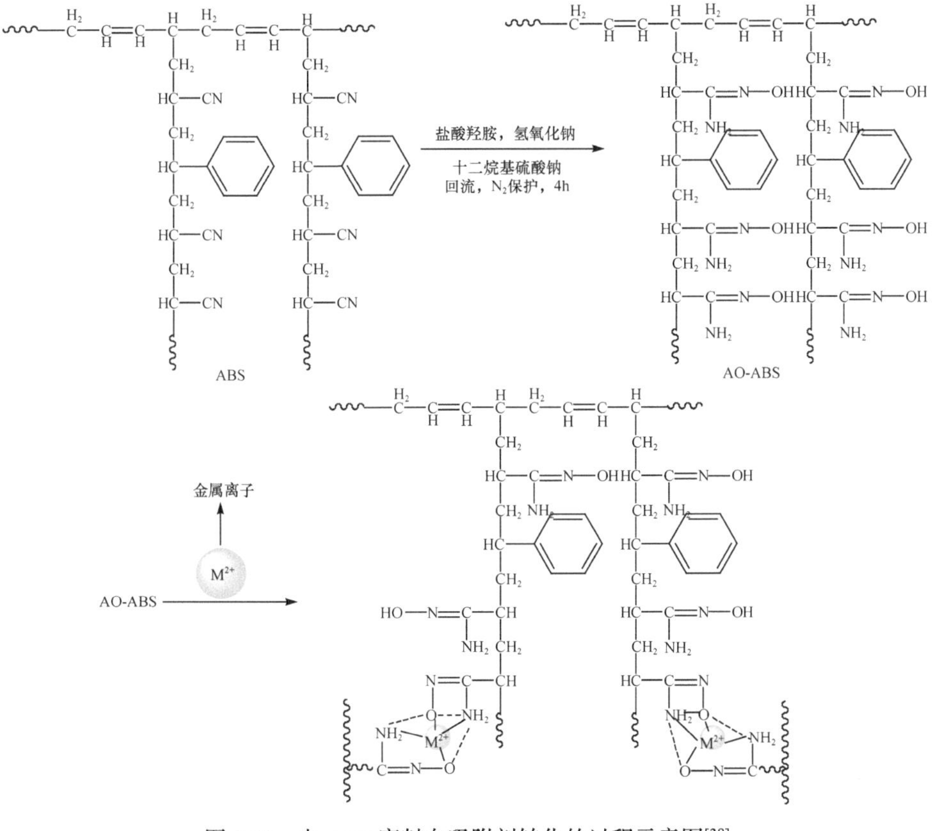

图 5.45 由 ABS 废料向吸附剂转化的过程示意图[38]

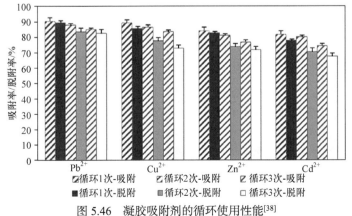

图 5.46 凝胶吸附剂的循环使用性能[38]

5.3 本 章 小 结

重金属离子水体污染问题现已成为全球性问题，主要归因于对自然资源的过度开发以及废弃物的排放超过了自然水体的自净能力，急需开发高效的重金属离子治理方法及相应的材料。本章对天然产物改性类吸附剂进行总结，使用低成本生物类吸附剂去除水体中的重金属离子，主要有以下优缺点。

(1) 生物吸附效率通常比其他方法更快，适用于有效处理大量水体中低浓度的重金属离子。吸附完成后，使用一些稀酸、碱性溶液、盐溶液和螯合剂(如 EDTA 等)进行处理，即可实现吸附剂的循环使用及重金属的回收。制备生物吸附剂及其处理系统的成本一般比较低，特别是废弃的细菌和各种发酵工业的真菌、农业副产物甚至是杂草，都可以作为生物吸附剂的廉价原料。但是，在正式应用之前通常需要对废水处理系统进行改装，从而会增加一些额外成本。

(2) 生物吸附处理重金属废水可以在很大范围内操作使用，而填充床柱反应器配置被认为是最有效的生物吸附模式，可以扩大到处理大量工业废水和酸性矿业污水。

(3) 生物吸附剂可生物降解，降解后可通过发酵过程转化为可用燃料，产生热能；如果去除的金属是安全的，还可以直接堆肥作为肥料。

以上生物吸附剂的上述特点，使其有望成为下一代重金属等吸附的主要候选材料。

参 考 文 献

[1] Zhao X T, Zeng T, Li X Y, et al. Modeling and mechanism of the adsorption of copper ion onto natural bamboo sawdust[J]. Carbohydrate Polymers, 2012, 89(1): 185-192.

[2] Podzus P E, Debandi M V, Daraio M E. Copper adsorption on magnetite-loaded chitosan microspheres: A kinetic and equilibrium study[J]. Physica B—Condensed Matter, 2012, 407(16): 3131-3133.

[3] Idris A, Ismail N S M, Hassan N, et al. Synthesis of magnetic alginate beads based on maghemite nanoparticles for Pb (II) removal in aqueous solution[J]. Journal of Industrial and Engineering Chemistry, 2012, 18(5): 1582-1589.

[4] Zhou L M, Wang Y P, Liu Z R, et al. Characteristics of equilibrium, kinetics studies for adsorption of Hg (II) , Cu (II) , and Ni (II) ions by thiourea-modified magnetic chitosan microspheres[J]. Journal of Hazardous Materials, 2009, 161(2-3): 995-1002.

[5] Tran H V, Tran L D, Nguyen T N. Preparation of chitosan/magnetite composite beads and their application for removal of Pb (II) and Ni (II) from aqueous solution[J]. Materials Science & Engineering C—Materials for Biological Applications, 2010, 30(2): 304-310.

[6] Zhou L M, Liu Z R, Liu J H, et al. Adsorption of Hg (II) from aqueous solution by ethylenediamine-modified magnetic crosslinking chitosan microspheres[J]. Desalination, 2010, 258(1-3): 41-47.

[7] Lakouraj M M, Hasanzadeh F, Zare E N. Nanogel and super-paramagnetic nanocomposite of thiacalix[4]arene functionalized chitosan: Synthesis, characterization and heavy metal sorption[J]. Iranian Polymer Journal, 2014, 23(12): 933-945.

[8] Ai L H, Huang H Y, Chen Z L, et al. Activated carbon/CoFe2O4 composites: Facile synthesis, magnetic performance and their potential application for the removal of malachite green from water[J]. Chemical Engineering Journal, 2010, 156(2): 243-249.

[9] Badruddoza A Z M, Rahman M T, Ghosh S, et al. Beta-cyclodextrin conjugated magnetic, fluorescent silica core-shell nanoparticles for biomedical applications[J]. Carbohydrate Polymers, 2013, 95(1): 449-457.

[10] Zhang X B, Wang Y, Yang S T. Simultaneous removal of Co (II) and 1-naphthol by core-shell structured Fe3O4@cyclodextrin magnetic nanoparticles[J]. Carbohydrate Polymers, 2014, 114: 521-529.

[11] Bezbaruah A N, Krajangpan S, Chisholm B J, et al. Entrapment of iron nanoparticles in calcium alginate beads for groundwater remediation applications[J]. Journal of Hazardous Materials, 2009, 166(2-3): 1339-1343.

[12] Lakouraj M M, Mojerlou F, Zare E N. Nanogel and superparamagnetic nanocomposite based on sodium alginate for sorption of heavy metal ions[J]. Carbohydrate Polymers, 2014, 106: 34-41.

[13] Xi F N, Wu J M, Lin X F. Novel nylon-supported organic-inorganic hybrid membrane with hierarchical pores as a potential immobilized metal affinity adsorbent[J]. Journal of Chromatography A, 2006, 1125(1): 38-51.

[14] Asthana A, Verma R, Singh A K, et al. Glycine functionalized magnetic nanoparticle entrapped calcium alginate beads: A promising adsorbent for removal of Cu (II) ions[J]. Journal of Environmental Chemical Engineering, 2016, 4(2): 1985-1995.

[15] Wang Z Q, Huang Y G, Wang M, et al. Macroporous calcium alginate aerogel as sorbent for Pb^{2+} removal from water media[J]. Journal of Environmental Chemical Engineering, 2016, 4(3): 3185-3192.

[16] Mahajan G, Sud D. Application of ligno-cellulosic waste material for heavy metal ions removal from aqueous solution[J]. Journal of Environmental Chemical Engineering, 2013, 1(4): 1020-1027.

[17] Liu Z, Wang H S, Liu C, et al. Magnetic cellulose-chitosan hydrogels prepared from ionic liquids as reusable adsorbent for removal of heavy metal ions[J]. Chemical Communications, 2012, 48(59): 7350-7352.

[18] Koehler F M, Rossier M, Waelle M, et al. Magnetic edta: Coupling heavy metal chelators to metal nanomagnets for rapid removal of cadmium, lead and copper from contaminated water[J]. Chemical Communications, 2009, (32): 4862-4864.

[19] Hao Y M, Chen M, Hu Z B. Effective removal of Cu (II) ions from aqueous solution by amino-functionalized magnetic nanoparticles[J]. Journal of Hazardous Materials, 2010, 184(1-3): 392-399.

[20] Dong J, Xu Z H, Kuznicki S M. Magnetic multi-functional nano composites for environmental applications[J]. Advanced Functional Materials, 2009, 19(8): 1268-1275.

[21] Kalfa O M, Yalcinkaya O, Turker A R. Synthesis of nano B_2O_3/TiO_2 composite material as a new solid phase extractor and its application to preconcentration and separation of cadmium[J]. Journal of Hazardous Materials, 2009, 166(1): 455-461.

[22] Ezoddin M, Shemirani F, Abdi K, et al. Application of modified nano-alumina as a solid phase extraction sorbent for the preconcentration of Cd and Pb in water and herbal samples prior to flame atomic absorption spectrometry determination[J]. Journal of Hazardous Materials, 2010, 178(1-3): 900-905.

[23] Wang X Q, Liu W X, Tian J, et al. Cr(Ⅵ), Pb(Ⅱ), Cd(Ⅱ) adsorption properties of nanostructured biobr microspheres and their application in a continuous filtering removal device for heavy metal ions[J]. Journal of Materials Chemistry A, 2014, 2(8): 2599-2608.

[24] Razzaz A, Ghorban S, Hosayni L, et al. Chitosan nanofibers functionalized by TiO_2 nanoparticles for the removal of heavy metal ions[J]. Journal of the Taiwan Institute of Chemical Engineers, 2016, 58: 333-343.

[25] Tran H T, Vu N D, Matsukawa M, et al. Heavy metal biosorption from aqueous solutions by algae inhabiting rice paddies in vietnam[J]. Journal of Environmental Chemical Engineering, 2016, 4(2): 2529-2535.

[26] Khokhar A, Siddique Z, Misbah. Removal of heavy metal ions by chemically treated Melia azedarach L. leaves[J]. Journal of Environmental Chemical Engineering, 2015, 3(2): 944-952.

[27] Rozumová L, Životský O, Seidlerová J, et al. Magnetically modified peanut husks as an effective sorbent of heavy metals[J]. Journal of Environmental Chemical Engineering, 2016, 4(1): 549-555.

[28] Lakhdhar I, Belosinschi D, Mangin P, et al. Development of a bio-based sorbent media for the removal of nickel ions from aqueous solutions[J]. Journal of Environmental Chemical Engineering, 2016, 4(3): 3159-3169.

[29] Yu S M, Zhai L, Wang Y, et al. Synthesis of magnetic chrysotile nanotubes for adsorption of Pb(Ⅱ), Cd(Ⅱ) and Cr(Ⅲ) ions from aqueous solution[J]. Journal of Environmental Chemical Engineering, 2015, 3(2): 752-762.

[30] Wan S L, Qu N, He F, et al. Tea waste-supported hydrated manganese dioxide (HMO) for enhanced removal of typical toxic metal ions from water[J]. RSC Advances, 2015, 5(108): 88900-88907.

[31] Wang N N, Xu X J, Li H Y, et al. Preparation and application of a xanthate-modified thiourea chitosan sponge for the removal of Pb(Ⅱ) from aqueous solutions[J]. Industrial & Engineering Chemistry Research, 2016, 55(17): 4960-4968.

[32] Han W, Yang X L, Zhao F W, et al. A mesoporous titanium glycolate with exceptional adsorption capacity to remove multiple heavy metal ions in water[J]. RSC Advances, 2017, 7(48): 30199-30204.

[33] Liu J T, Ge X, Ye X X, et al. 3D graphene/delta-MnO_2 aerogels for highly efficient and reversible removal of heavy metal ions[J]. Journal of Materials Chemistry A, 2016, 4(5): 1970-1979.

[34] Manos M J, Kanatzidis M G. Metal sulfide ion exchangers: Superior sorbents for the capture of toxic and nuclear waste-related metal ions[J]. Chemical Science, 2016, 7(8): 4804-4824.

[35] Lei Y, Chen W, Lu B, et al. Bioinspired fabrication and lead adsorption property of nano-hydroxyapatite/chitosan porous materials[J]. RSC Advances, 2015, 5(120): 98783-98795.

[36] Biswal M, Bhardwaj K, Singh P K, et al. Nanoparticle-loaded multifunctional natural seed gel-bits for efficient water purification[J]. RSC Advances, 2013, 3(7): 2288-2295.

[37] Chowdhury M N K, Ismail A F, Beg M D H, et al. Polyvinyl alcohol/polysaccharide hydrogel graft materials for arsenic and heavy metal removal[J]. New Journal of Chemistry, 2015, 39(7): 5823-5832.

[38] Masoumi A, Hemmati K, Ghaemy M. Structural modification of acrylonitrilebutadiene-styrene waste as an efficient nanoadsorbent for removal of metal ions from water: Isotherm, kinetic and thermodynamic study[J]. RSC Advances, 2015, 5(3): 1735-1744.

[39] Chang H X, Wu H K. Graphene-based nanocomposites: Preparation, functionalization, and energy and environmental applications[J]. Energy & Environmental Science, 2013, 6(12): 3483-3507.

第6章 碘、硼离子吸附

6.1 引 言

盐湖资源是一种宝贵的无机盐资源，是矿产资源的重要组成部分，许多发达国家将其视为与稀土一样的战略资源进行科学、可持续开发与平衡利用。近年来，我国对盐湖价值的重视也日益加强，伴随着"柴达木盐湖化工联合基金"的正式实施，盐湖资源正式进入综合利用和可持续开发阶段，对非常量元素的开发利用与技术研发，也成为盐湖资源综合利用的关键一环。

6.2 硼及其吸附剂

6.2.1 硼的基本性质

硼(B)是元素周期表ⅢA族的第一个元素，原子序数为 5，它的原子结构为 $1s^2 2s^2 2p^1$，原子量为 10.81。自然界中存在两种硼的稳定同位素，原子量分别为 10.0129 和 11.00931，相对丰度分别为 19.78%和 80.22%。单质硼是具有高熔点、高沸点和难挥发(2187K 时，蒸气压为 51kPa；2410K 时，蒸气压为 1.3Pa)性的固体。单质硼在常温下可与氟直接化合，性质非常活泼，而与氧仅在表面发生反应。硼在化学性质上主要表现为非金属性，但在晶态时也会呈现某些金属性。因此，人们常将它划分为半金属或准金属元素。硼的化学活性与样品纯度、颗粒粉细度和反应条件有密切关系。高纯晶态硼化合物非常稳定，而一般纯度的粉状无定形硼则比较活泼。

硼在自然界中的分布非常广泛，主要以硼酸和硼酸盐的形式存在，硼在海水中的平均浓度为 4.5mg/L，在土壤中的浓度为 5～150mg/kg。硼在水溶液中的存在形式很多，当浓度小于 0.025mol/L(0.1% B_2O_3 或 270mg/L 的 B)时，主要以 H_3BO_3 和 $B(OH)_4^-$ 的形式存在；浓度大于 0.1mol/L 时，其存在形式多为多聚物；在浓度为 0.025～0.6mol/L、pH 为 6～10 的溶液中，主要以 $B_3O_3(OH)_4^-$、$B_5O_6(OH)_4^-$、$B_3O_3(OH)_5^{2-}$、$B_4O_5(OH)_4^{2-}$ 等多种形式存在[1]。

6.2.2 硼资源分布

经过近 50 年的发展，我国已基本建立起硼矿开采、硼矿加工、硼精细化工及含硼新型材料生产等完整的工业体系。目前，我国已探明硼矿产地 63 处，保有储量(以 B_2O_3 计)为 4670.6 万吨，但能利用的硼镁石和盐湖硼矿储量仅有 465 万吨，主要集中于辽宁和青海[2]。据专家预测，中国硼矿资源总量约 1 亿吨，西藏占近一半，其次是辽宁和青海。我国目前硼矿石年产量为 140 万吨(标矿)，硼砂生产能力为 50 万吨，硼酸生产能力为 20 万吨/年，产量 6 万吨/年左右。2003 年以后，青海、山东硼工业飞速发展，已经能生产硼酸盐、偏硼酸盐、过硼酸盐、氟硼酸盐、硼卤化物、硼氢化物、元素硼、晶须及其他硼化物等 11 大类 40 多个品种，目前常见的品种有偏硼酸钙、过硼酸钠、硼酸锌、碳化硼等。据预测，2020 年中国对硼砂及硼酸的需求量为 50 万吨，硼矿(含 B_2O_3 12%的标矿)需求量为 250 万吨。已探明的硼储量与国民经济发展需求相比，相差甚远，也是我国紧缺矿种之一[3]。

另外，据美国地质调查所统计，1996 年世界硼矿石储量为 1.7 亿吨，储量基础为 4.17 亿吨，主要分布于美国、土耳其、俄罗斯、哈萨克斯坦，以火山-沉积硼矿为主，盐湖沉积硼次之。1996 年世界硼矿石产量为 250 万吨，1986~1996 年期间最高水平的 1990 年产量为 301.8 万吨，生产硼酸盐产品 120 万吨。土耳其和美国是硼化物生产大国，1996 年需求 100 万吨硼酸盐产品[3]。目前，世界硼化物产量已达 300 万吨左右，美国是最大的硼化物生产国和消费国，产量为 138 万吨；土耳其拥有丰富的硼矿资源，硼化物产量居世界第二位，达 118 万吨，大部分供出口；俄罗斯硼化物产量为 22.7 万吨，阿根廷为 7.8 万吨。包括中国在内的几个国家拥有储量不等的硼资源。西欧各国和日本等发达国家缺乏硼资源，大多依靠进口矿石或硼砂、硼酸深加工成其他硼化物[4]。

6.2.3 硼及其化合物的应用及危害

硼及硼化合物具有优良的性能，如质轻、阻燃、耐热、高硬、高强、耐磨及催化性质等，在现代科学技术中发挥了重要作用。它们已经由原来的原料角色登上了材料工业的舞台，在国民经济各领域有着广泛的应用[5]，如硼硅酸盐添加剂、陶瓷、化妆品、皮革、纺织品、木材加工涂料、洗涤剂、杀虫剂、消毒剂和药剂的制备与加工[6,7]。

硼是植物生长所必需的微量元素之一，直接关系到糖类的转化、新陈代谢、花粉孕育及抗病能力，施用硼肥后作物可增产 10%~15%。然而，硼的过量使用会造成植物硼中毒[8]。

此外，人体对硼的摄入量过高会导致急性硼中毒，表现为呕吐、头痛、腹泻、肾功能损害，严重的可导致死亡。世界卫生组织规定硼在饮用水中的最高浓度为 0.5mg/L。目前，人类生产生活所产生的硼对环境的污染越来越严重，地表水和城市废水中的硼主要来源于洗涤剂和清洁用品、工业废水及农业化学用品等。因此，开发硼的治理方法及去除材料，对于盐湖中硼的回收以及污水中硼的去除十分必要[9]。

6.2.4　水溶液中硼的分析方法

硼的测定方法有很多，最早使用的为甘露醇滴定法，后来发展出分光光度法、离子选择性电极法、萃取原子吸收法、极谱法和光谱法等多种测量方法。其中分光光度法简便易行，应用较为广泛，主要包括姜黄素法[10]、甲亚胺-H 法[11]，近期又提出了胶束和微乳增容增敏分光光度法[12]。

6.2.5　吸附法分离硼离子

吸附法提取硼不仅具有深度脱硼、吸附剂可循环利用和工艺简单等优势，也是一种高效的脱硼方法，其核心问题在于设计与制备吸附容量大、机械强度高且易再生的吸附材料。

1. 含有葡甲胺官能团的吸附剂

葡甲胺(NMDG)是硼吸附剂制备中广为采用的功能基团物质，由于其含有多个顺位活性羟基，对硼有很强的螯合作用，且不与其他离子反应。氨基可将葡甲胺官能团引入聚合物、凝胶基质或者生物质基质中，生成的叔胺可以捕捉羟基或者硼酸所释放的氢质子，从而有利于吸附反应向螯合物生成的方向进行。

土耳其伊斯坦布尔技术大学 Bicak 等[13]用 NMDG 修饰甲基丙烯酸酯(MMA)、甲基丙烯酸缩水甘油酯(GMA)和二乙烯苯(DVB)的环氧聚合物，该树脂对硼的吸附容量达到 2.15mmol/g，且受钙、镁、铁离子的干扰较少。为了进一步提升材料的吸附性能，该课题组又制备出添加交联剂和自身交联的水凝胶型 NMDG 吸附剂。

南京工业大学王楠等[14]利用氯乙酰化聚苯乙烯树脂与 NMDG 通过一步法合成同时含有 α-酰乙基胺和邻羟基双官能团的酰乙基葡甲胺树脂，该树脂对硼的吸附容量为 2.53mmol/g，比螯合树脂或硼特效树脂有更高的吸附容量。α-酰乙基胺和邻羟基双官能团对硼的吸附具有协同促进作用(图 6.1)，硼酸根会与树脂上的羟基形成螯合的环状结构，有利于树脂对硼酸根的吸附。

南华大学胡俊威等[15]利用 NMDG 和活性炭制备出葡甲胺改性的活性炭(NMDG@C)，改性后的活性炭对硼的吸附性能显著提高，超标 4 倍的硼溶液经过吸附处理后可以达到饮用水的标准。用 1mol/L 的 KCl 溶液作解吸剂，NMDG@C 可重复使用多次。

日本国家先进工业科学技术研究所 Inukai 等[16]为获得具有更好硼吸附性能的聚合物硼(Ⅲ)吸附剂，新合成两种 NMDG 型纤维素(粉末和纤维)衍生物。纤维素首先接枝具有环氧基的乙烯基单体，再与 NMDG 反应得到 NMDG 型纤维素衍生

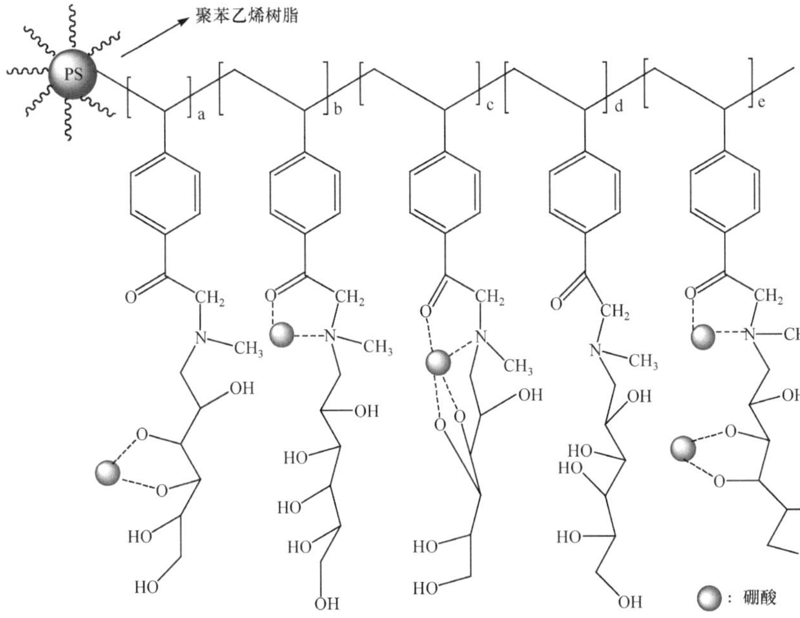

图 6.1　硼在乙酰-葡甲胺树脂上的吸附模式[14]

物，如图 6.2 所示。制备的 NMDG 型纤维素衍生物硼吸附剂与市售的葡甲胺型聚苯乙烯树脂具有相同的吸附容量。然而，改性的纤维素衍生物比聚苯乙烯树脂能够更快地吸附硼，且吸附的硼可以用稀盐酸进行洗脱。此外，研究发现在处理大量含硼废水方面，改性的纤维素衍生物优于聚苯乙烯树脂。

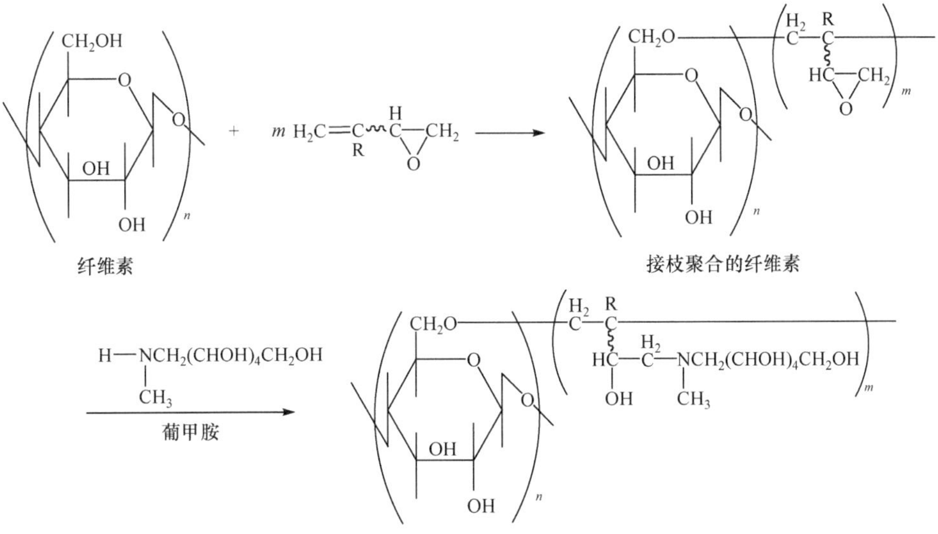

图 6.2　含有 NMDG 纤维素衍生物的合成过程示意图[16]

　　土耳其塞尔丘克大学 Kamboh 等[17]通过 3-(2,3-环氧丙氧基)丙基三甲氧基硅烷(EPPTMS)与羟基之间的反应制备了磁铁矿材料,形成 NMDG 官能化芳烃基磁性孢子素吸附剂,用于水溶液中硼的吸附去除,如图 6.3 所示。该吸附剂除 NMDG 上含有羟基以外,材料的表面也存在很多羟基基团,通过协同作用,提高了材料对硼的吸附性能。

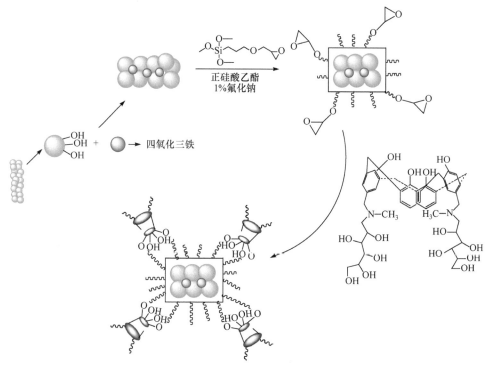

图 6.3　磁性孢子素吸附剂制备过程示意图[17]

2. 含有其他双羟基类的吸附剂

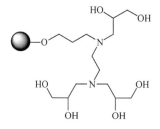

图 6.4　含有邻二羟基功能基团
树脂的基本结构[18]

1) 缩水甘油功能基树脂吸附剂

　　土耳其伊斯坦布尔技术大学 Senkal 等[18]合成了含有环氧基的 GMA-MMA-DVB 三元共聚物,之后在该共聚物上接枝乙二胺,再接枝缩水甘油,得到具有邻二羟基功能基团的树脂硼吸附材料(图 6.4 和图 6.5)。该材料对硼酸具有高效的络合作用,对硼的最大吸附容量达 3mmol/g,且吸附速率很快。

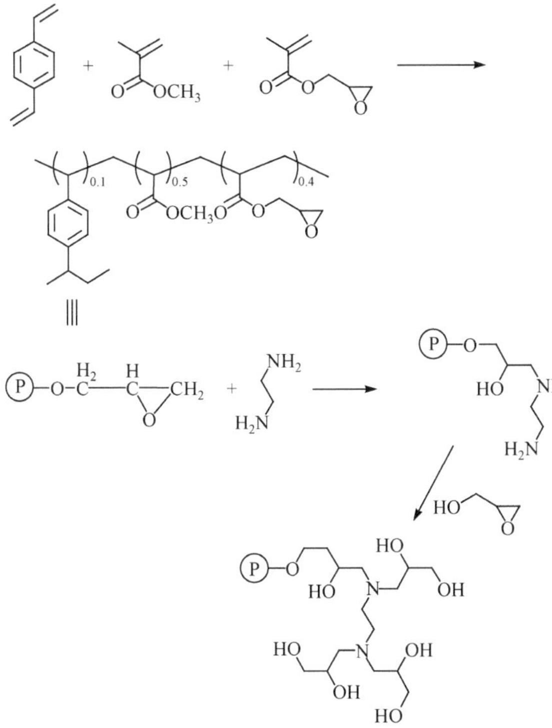

图 6.5　GMA-MMA-DVB 三元共聚物的制备过程示意图[18]

　　土耳其伊斯坦布尔技术大学 Bicak 等[19]首先以甲基丙烯酸缩水甘油酯、甲基丙烯酸甲酯、乙二醇二甲基丙烯酸酯为原料合成了三元共聚物(图 6.6)，然后在共聚物上连接二烯丙基胺，接着以 OsO₄ 为催化剂，用 30%的 H₂O₂ 将二烯丙基胺氧化

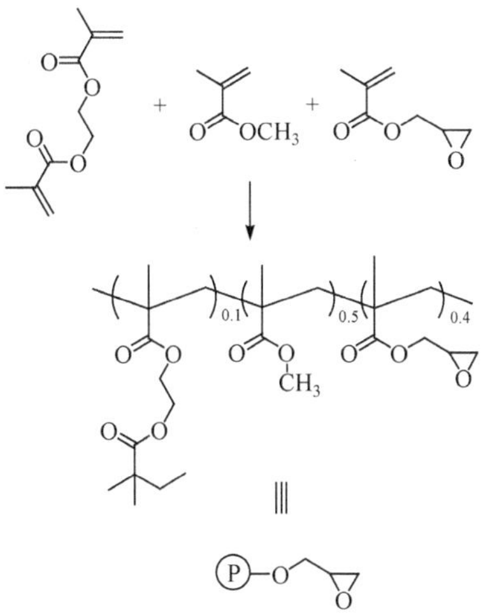

图 6.6　三元共聚物的制备[19]

成邻位顺式二羟基基团,制得氨基双羟基(丙烷顺式 2,3 二醇)基团的交联聚合物树脂(图 6.7)。这种树脂在 pH 为 8 时对水溶液中硼酸的最大吸附容量达 1.79mmol/g。

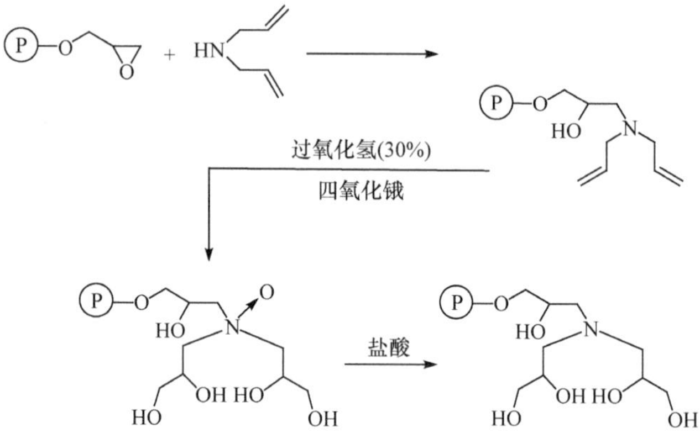

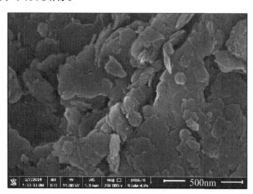

图 6.7　交联聚合物树脂的制备过程示意图[19]

2) 无机双羟基吸附剂

东华理工大学李小燕等[20]采用共沉淀和高温煅烧法合成了层状双金属氢氧化物,其表面形貌(扫描电镜图)如图 6.8 所示,用于吸附水溶液中的硼。研究结果表明,该吸附剂表面存在很多羟基官能团,对硼的吸附主要发生在其表面的活性区域,属于饱和单分子层吸附。

图 6.8　层状双金属氢氧化物的扫描电镜图[20]

巴西里约热内卢联邦大学 Delazare 等[21]使用共沉淀法制备了由类水镁石金属离子片(Mg-Al)组成的层状双氢氧化物(LDH),其主要成分为 Mg(OH)₂。利用上述材料进行水溶液中硼的吸附,去除率达到 90%以上。主要原因是材料的表面存在大量的羟基官能团,在适宜的 pH 环境下会与硼发生络合反应(图 6.9),从而使得硼被吸附在材料的表面。西班牙马德里理工大学 García-Soto 等[22]同样对 LDH 进行了研究,发现不仅在材料表面存在大量—OH,材料的内部孔道也存在大量

—OH(图 6.10)，这有利于增强对硼的吸附能力。

图 6.9 Mg(OH)$_2$ 对硼离子的吸附机理示意图[22]

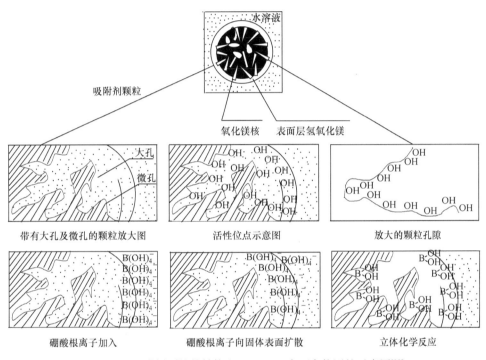

图 6.10 吸附剂颗粒的结构和 Mg(OH)$_2$ 表面官能团的示意图[22]

3) 酚类官能团：水杨酸、单宁酸类

酚类官能团与硼的反应机理是酚羟基或羧基与硼酸螯合生成五元环或六元环螯合物。酚类吸附剂的基本结构如图 6.11 所示，此类物质包括改性的水杨酸和单宁酸，酚类的水杨酸树脂与硼酸根络合成环状物质(图 6.12)，一方面使得反应向生成环的方向进行，另一方面有利于酚类树脂对硼的吸附。不同的酸碱条件下，硼的存在形式不同，当溶液的 pH<6 时，硼主要以 B(OH)$_3$ 的形式存在，吸附反应机理如图 6.12(a)所示；当溶液的 pH>9 时，硼主要以 B(OH)$_4^-$ 的形式存在，吸附反应机理如图 6.12(b)所示。

土耳其阿塔图尔克大学 Celik 等[23]采用负载水杨酸的活性炭吸附硼，吸附原理是水杨酸的—COOH 和—OH 与硼酸形成内酯环，如图 6.12 所示。研究表明，水杨酸的负载量为 0.740g/g 或水杨酸的厚度为 0.088mm，是硼吸附的临界条件；水杨酸的负载量低于此临界值时，吸附剂的吸附性能随之降低。

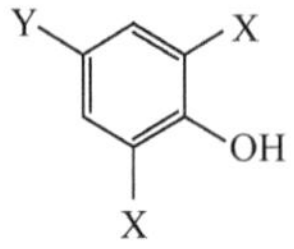

图 6.11 酚类吸附剂的基本结构示意图

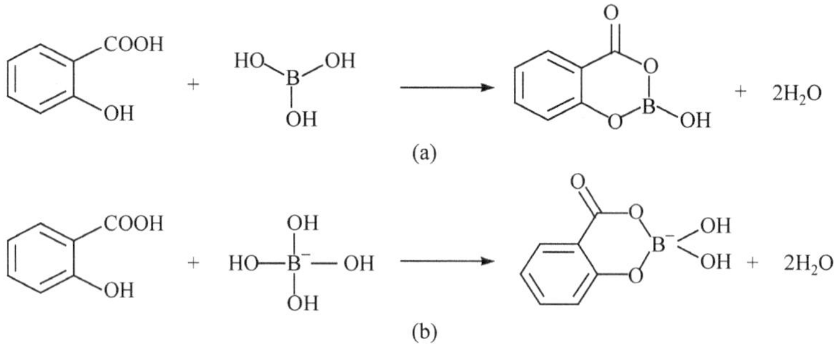

图 6.12 硼酸、硼酸根离子与水杨酸类树脂的反应机理示意图

日本福冈教育大学 Miyazaki 等[24]利用核磁共振谱(^{11}B-NMR)研究水杨酸、水杨醇、2,6-双(羟甲基)苯甲酚、3,5 二(羟甲基) 4 羟基苯甲酸(LAC)与硼酸的螯合作用。硼酸通过羟基和羧基官能团的亲核进攻得到一对电子，缩合形成 1∶1 的单齿螯合物，进而与官能团再次缩合形成 1∶2 双齿稳定螯合物(图 6.13)。相比而言，LAC 对硼酸的吸附效果较好，大约有 50%的官能团可用于硼的吸附，吸附容量约为 1.50mmol/g。

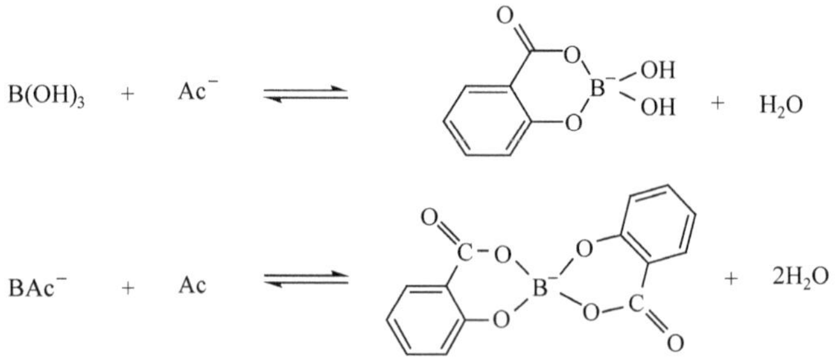

图 6.13 硼酸根与 LAC 的螯合作用示意图[24]

日本东京工业大学 Morisada 等[25]对比研究了单宁酸凝胶(TG)和氨基改性的单宁酸凝胶(ATG)对硼酸、硼酸盐的吸附性能。吸附原理是 ATG 凝胶上的羟基、氨基与四羟基硼酸盐的螯合作用(图 6.14)。研究结果表明，pH<7 时，两者的吸附性能均较低；pH>7 时，两者的吸附能力均较强，且随着 pH 的增大而增大。ATG

对硼的吸附容量为 2.21mmol/g，TG 对硼的吸附容量为 1.01mmol/g，这是因为氨基的存在使螯合产物更稳定。

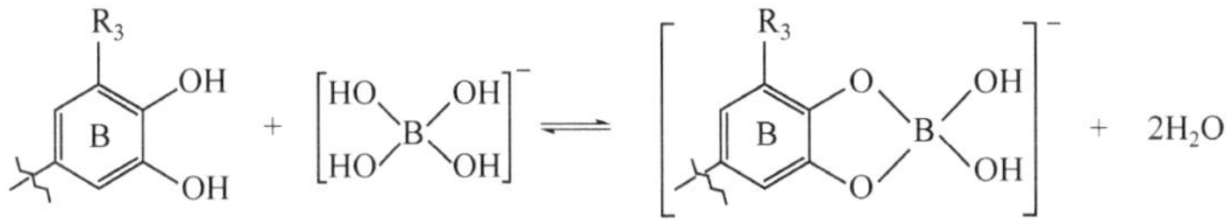

(a) TG

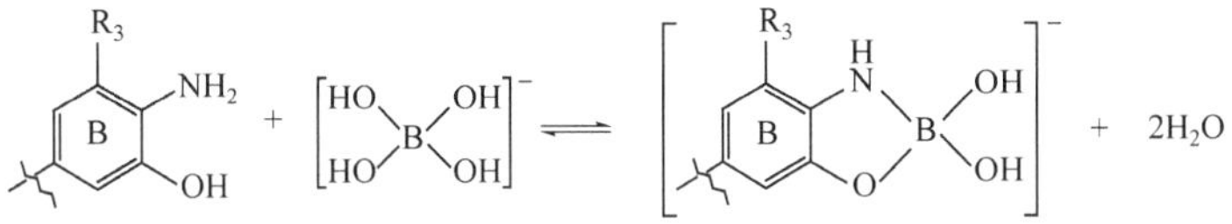

(b) ATG

图 6.14　TG 和 ATG 对硼的吸附机理示意图[25]

3. 天然吸附剂

　　天然吸附剂是一种废物再利用的有效吸附剂，其成本低、经济环保，但吸附容量较低。土耳其奥斯曼加齐大学 Kavak 等研究了粉煤灰对硼吸附的效果[26]，后续又对粉煤灰、明矾[27]、红泥土[28]、棉花等天然吸附剂的吸附性能进行了研究。波兰弗罗茨瓦夫理工大学 Polowczyk 等[29]也利用褐煤和生物质燃烧发电厂的粉煤灰(1.0~1.6mm)吸附水溶液中的硼，在 pH 为 10.5、初始浓度为 100mg/L 的硼溶液，硼吸附率达到 90%。法国萨瓦大学 Kehal 等[30]采用热冲击(700℃)、化学剥落(H$_2$O$_2$，80℃)和超声波降解的方法处理微米级蛭石，以改善其对硼的吸附性，相比于未处理的蛭石，超声波降解后的蛭石对硼的吸附能力显著提高，可以达到 0.15mol/g。马来西亚博特拉大学 Man 等[31]用未修饰的大米壳作为硼吸附剂，系统研究了不同的粒径、pH、吸附剂用量和初始浓度对吸附容量的影响。波兰西里西亚工业大学 Kluczka 等[32]用无定形的二氧化锆改性天然沸石作为吸附剂，研究其对溶液中硼的吸附性能，当 pH 为 8 时，吸附容量为 0.27mmol/g。综上所述，天然材料的硼吸附剂吸附性能较差，但是可以废物利用、廉价环保，具有较高的经济价值和社会意义。

6.3　碘及其吸附剂

6.3.1　碘的基本性质

　　碘处于元素周期表ⅦA 族的最下端，具有较大的原子半径和多层电子结构。单质碘(I$_2$)是紫黑色有金属光泽的鳞片状晶体，微溶于水，易溶于有机溶剂，易升华。碘是制造各种碘化合物的重要原料，也是人体和动植物不可缺少的元素之一。对碘的关注，主要基于两方面，一方面是碘污染的去除：核设施产生的放射性废料中的放射性碘进入环境会通过各种循环系统最终在人体内积累，进入甲状腺而导致癌变[33]；另一方面是碘的富集：碘是制造无机碘化合物和有机碘化合物最基本的工业原料，碘及其化合物可用作催化剂、动物饲料添加剂、尼龙树脂、油墨和着色剂的稳定剂、药品、消毒剂等。

6.3.2　碘资源分布

目前全世界碘的总产量约为每年 2 万吨，主要集中在日本、智利和美国。智利主要在天然硝石矿生产硝酸钠的过程中副产碘[34]。国外除智利外，其他国家主要从卤水中制碘。我国主要从海洋藻类植物中提取碘，此外还在硫酸分解磷矿湿法生产磷酸的过程中回收碘，年产量为 180～200 吨，而年需碘量为 500吨左右[35]。

6.3.3　碘的分离提取

我国盐湖资源丰富，碘储量很大，例如，青海盐湖中碘的潜在价值为 7.25 亿元，但盐湖卤水中碘含量较低。采用空气吹出法提取碘，存在设备庞大、能耗高等问题[36]。我国从盐湖卤水中提取碘还未实现产业化，根据碘在盐湖卤水中的含量和存在形态，用吸附法直接吸附分离 I⁻ 是适宜的方法之一。

6.3.4　吸附法分离碘离子

近年来，随着社会对碘的需求不断增加，对 I⁻ 吸附的研究报道也逐渐增多，所用碘的吸附剂主要分三类：①离子交换树脂[37]；②能对 I⁻ 进行化学吸附的复合吸附剂[38]，这类吸附剂能与 I⁻ 发生化学反应的活性成分包括单质银、氯化银、氧化亚铜、Hg^{2+} 等[39]，所用吸附剂的基质材料包括沸石、氧化铝、活性炭、聚丙烯腈纤维等；③天然矿物、土壤等。

1. 离子交换树脂类吸附剂

离子交换树脂吸附分离 I⁻ 时，可以通过控制洗脱条件，实现 I⁻ 与其他阴离子的分离，虽然吸附容量较大，但选择性差。强碱性阴离子交换树脂如 Dowex-1、Dowex-2 和 AG-1 等都可用于分离 I⁻，AG-1 对各种阴离子的亲和力由大到小的顺序为 I⁻>HSO_4^->ClO_3^->NO_3^->Br⁻>CN⁻>HSO_3^->NO_2^->Cl⁻>HCO_3^->IO_3^->HCOO⁻>Ac⁻>OH⁻>F⁻，I⁻ 的亲和力明显较强。离子交换树脂类吸附剂的缺点是有机碘(如甲状腺素和蛋白质中的碘)不被离子交换树脂吸附，不能用去离子水洗脱[37]。

2. 复合吸附剂

复合吸附剂虽然选择性好，但存在成本高、在酸性条件下化学稳定性差、不易脱附等缺点。另外，当吸附的活性成分为贵金属时，其表面吸附 I⁻ 后容易被氧化[38]。中国科学院青海盐湖研究所张慧芳等[39]制备了海藻酸钙-AgCl 球形复合吸附剂，能有效避免 AgCl 的浸出，对 I⁻ 的吸附容量为 1.1mmol/g。

法国南锡第一大学 Lefèvre 等[40]利用成本低且毒性较小的氧化亚铜进行 I⁻ 的吸附研究。Cu⁺ 和 I⁻ 之间存在较强的相互作用，且 Cu⁺ 是唯一能与 I⁻ 产生有效相互作用的铜离子。pH 较高时，Cu_2O 被氧化成 $Cu(OH)_2$ 或 CuO，这两种化合物对 I⁻ 皆不吸附。pH 较低时，Cu_2O 部分溶解，Cu⁺ 进入溶液中，在 I⁻ 存在下形成 CuI 沉淀：

$$Cu_2O+2H^++2I^-\Longrightarrow 2CuI+H_2O$$

如果没有沉淀剂或络合剂，Cu⁺ 会发生歧化反应生成 Cu 和 Cu²⁺：

$$Cu_2O+2H^+\Longrightarrow Cu+Cu^{2+}+H_2O$$

在近中性溶液中，Cu_2O 稳定，且表面含有羟基，能够有效吸附 I⁻。该课题组同时研究了在 Cl⁻ 存在下单质铜/蓝铜矿($Cu_3(OH)_2(CO_3)_2$)的混合物对 I⁻ 的吸附，吸附过程分两步[41]：①蓝铜矿释放出可溶性的 Cu²⁺；②Cu²⁺ 在金属铜的表面被还原，与 I⁻ 反应生成 CuI，沉淀的形成促进了 Cu²⁺ 的还原：

$$Cu^{2+}+Cu+2I^-\Longrightarrow 2CuI$$

铂炭(Pt-C)吸附剂是由活性炭和金属铂复合而成的吸附剂，能够吸附硝酸溶液中的 I⁻ 和 IO_3^-，并且有比较高的吸附容量。成都云克药业有限责任公司邓启民等[42]利用铂炭吸附剂进行 I⁻ 的吸附，采用 NaOH 溶液进行解吸，解吸率达到 90%以上。

安徽工程大学吴友吉等[43]用 NH_2OH 对聚丙烯腈纤维进行化学改性制得含有偕胺肟基的纤维材料，经 $Hg(NO_3)_2$ 化学处理，制得阴离子交换纤维，可用于吸附 I⁻。该离子交换纤维对 I⁻ 的吸附具有交换速率快、交换量大、再生处理便利和重现性好等优点。

天津大学张煜昌等[44]开发了 Ag/TiO_2 的 I⁻ 复合吸附剂。当有其他阴离子共存时，Ag/TiO_2 材料对 I⁻ 的吸附容量仍能达 150mg/g 以上，说明 Ag/TiO_2 复合吸附剂对 I⁻ 具有较高的吸附容量和较好的选择性。I⁻ 被吸附后形成的 AgI 化合物及 $Ag(I)_n$ 络合物比 AgCl、AgF、$AgNO_3$、Ag_2SO_4 及 Ag_2CO_3 更稳定，且在溶液中不易水解。因此，Ag/TiO_2 复合吸附剂可用于含有较高浓度 Cl⁻、F⁻、NO_3^- 的海水、盐湖水、工业废水中 I⁻ 的吸附分离。

中国科学院宁波材料技术与工程研究所吴爱国研究组的孙犁等[45]开发了一种生物质碳气凝胶吸附剂，用于吸附水溶液中的 I⁻(图 6.15)。首先，将西瓜皮切成适量的块状，通过水热合成和冷冻干燥技术得到生物质碳气凝胶。然后，将该气凝胶浸渍在 KH-560 溶液恰当时间，低温活化，得到 I⁻吸附剂 CA@KH-560。在强酸条件下，CA@KH-560 的环氧基团被质子化，通过静电相互作用吸附 I⁻，最高吸附容量达到 2.5mmol/g。

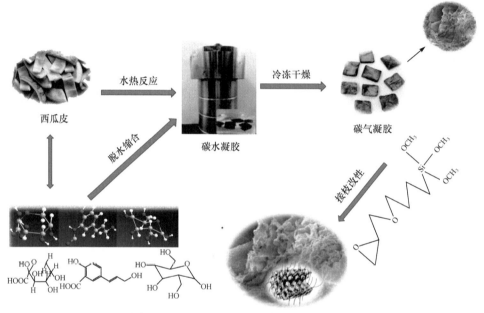

西瓜皮　　　水热反应　　　碳水凝胶　　　冷冻干燥　　　碳气凝胶

脱水缩合　　　接枝改性

图 6.15　CA@KH-560 的制备过程示意图[45]

3. 天然矿物及土壤吸附剂

对天然吸附剂的研究主要出于对 I⁻生态和环境效应的考虑。I⁻被天然沉积物的有机物和氧化铁吸附，且与这些 pH 依赖的带电物质表面的正电荷点位有关，随着 pH 的降低，能够用于 I⁻吸附的位点增加[46]。

在天然水体中，金属氧化物和金属氢氧化物对阴离子的吸附起着重要作用。I⁻被石英砂、Al_2O_3 和 Fe_2O_3 吸附的研究[47,48]表明，石英砂和 Al_2O_3 的吸附容量较小，而 Fe_2O_3 的吸附容量较大。I⁻在土壤中的吸附受土壤类型、pH、温度、铁铝氧化物、有机质等的影响。另外，土壤微生物对 I⁻的吸附也起重要作用，微生物、葡萄糖氧化酶、脲酶、纤维素酶及其催化底物葡萄糖、尿素和纤维素均能影响土壤对 I⁻的吸附。研究表明，微生物能显著提高 I⁻的吸附量，而上述其他物质对 I⁻的吸附并无促进作用。向土壤中添加微生物后，土壤吸附 I⁻的量增加，可能是因为微生物分泌的胞外酶可促进土壤中腐殖质的碘化作用，从而提高了土壤对 I⁻的吸附能力。除此之外，微生物在生长过程中也可将 I⁻作为营养物质吸收，使其成为微生物有机体的组成部分[49]。

6.4 本 章 小 结

吸附法对硼酸的吸附选择性高且分离效果好,但树脂吸附容量总体较小,是目前较难实现工业化应用的主要原因。现有硼吸附剂按照吸附的功能结构可分为葡甲胺类吸附剂、邻位活性双羟基类吸附剂、无机吸附剂和废弃物利用型天然吸附剂。其中,葡甲胺类吸附剂商业应用较广,吸附能力较强,研究较为透彻,难点是如何更为有效地提高葡甲胺的搭载量,从而提高对硼的吸附容量;大米壳、混凝土残渣等废弃物利用型吸附剂成本低、经济环保,但吸附性能不如葡甲胺类吸附剂,且再生性能较差;邻位活性双羟基类吸附剂较新颖,尤其是近几年提出的酚型和有机-无机杂化型吸附剂吸引了许多研究者的研究兴趣,具有良好的发展前景。

碘及其化合物广泛用于国民经济各个领域,随着碘资源利用的逐年增加,盐湖卤水、地下卤水中碘资源的开发利用受到越来越多的关注。研发低能耗、绿色环保的碘分离提取工艺成为碘提取的热点,吸附法因方法简单、工艺简便而备受关注。近年来报道的I⁻吸附剂主要有单质银、银复合物、氧化银复合物、氯化银复合物、有机胺复合物、层状双氢氧化物等吸附剂。总体而言,银以及相应的银化合物,对I⁻具有优异的选择性,吸附容量也较高,但是材料的再生性差,且吸附剂成本较高。有机胺复合吸附剂对I⁻的吸附容量较高、选择性好,在较高浓度氯离子共存的溶液中仍能有效吸附I⁻,该吸附剂的机械强度高,再生也比较容易。同时,把生物质材料与有机胺结合,制备新型、价格低、选择性好、环保无污染的I⁻吸附剂,已成为I⁻吸附回收的重要研究方向。

参 考 文 献

[1] Choi W W, Chen K Y. Evaluation of boron removal by adsorption on solids[J]. Environmental Science & Technology, 1979, 13(2): 189-196.

[2] 李钟模. 辽东营口地区硼矿资源评价取得成果[J]. 化工矿物与加工, 2008, 37: 38-39.

[3] 徐耀先, 关一波, 李林蓓, 等. 21 世纪初期化工矿产资源形势及对策研究[J]. 化工矿产地质, 1999, (3): 169-174.

[4] 唐尧. 硼资源开发利用现状及前景分析[J]. 国土资源情报, 2014, (8): 14-17.

[5] Xu Y, Jiang J Q. Technologies for boron removal[J]. Industrial & Engineering Chemistry Research, 2008, 47(1): 16-24.

[6] Ristic M D, Rajakovic L V. Boron removal by anion exchangers impregnated with citric and tartaric acids[J]. Separation Science and Technology, 1996, 31(20): 2805-2814.

[7] Ozturk N, Kavak D. Boron removal from aqueous solutions by adsorption on waste sepiolite and activated waste sepiolite using full factorial design[J]. Adsorption—Journal of the International

Adsorption Society, 2004, 10(3): 245-257.

[8] Guidi L, Degl'Innocenti E, Carmassi G, et al. Effects of boron on leaf chlorophyll fluorescence of greenhouse tomato grown with saline water[J]. Environmental and Experimental Botany, 2011, 73: 57-63.

[9] Nielsen F H. Update on human health effects of boron[J]. Journal of Trace Elements in Medicine and Biology, 2014, 28(4): 383-387.

[10] 杨国荣, 汪秀珍, 杨植岗. 测定钢铁中氮含量的国际标准方法对比试验[C]. 北京冶金年会, 2002: 63-65.

[11] 汪曼洁, 何伟彪, 黄俊华, 等. 甲亚胺 H-酸分光光度法测定固体废弃物中的硼[J]. 环境与发展, 2011, (11): 110-112.

[12] 闫剑勇, 胡子谦, 姚科. 3-甲氧基-甲亚胺H光度法测定食品中的硼酸[J]. 现代预防医学, 2005, 32(6): 651-652.

[13] Bicak N, Bulutcu N, Senkal B F, et al. Modification of crosslinked glycidyl methacrylate-based polymers for boron-specific column extraction[J]. Reactive & Functional Polymers, 2001, 47(3): 175-184.

[14] Wang N, Wei R Q, Cao F T, et al. Synthesis of a new acetyl-meglumine resin and its adsorption properties of boron[J]. Chemical Journal of Chinese Universities, 2012, 33(12): 2795-2800.

[15] 胡俊威, 刘迎云, 虢清伟, 等. 葡甲胺改性活性炭的制备及其对硼的吸附特性[J]. 净水技术, 2017, (5): 53-58.

[16] Inukai Y, Tanaka Y, Matsuda T, et al. Removal of boron(Ⅲ) by N-methylglucamine-type cellulose derivatives with higher adsorption rate[J]. Analytica Chimica Acta, 2004, 511(2): 261-265.

[17] Kamboh M A, Yilmaz M. Synthesis of N-methylglucamine functionalized calix[4]arene based magnetic sporopollenin for the removal of boron from aqueous environment[J]. Desalination, 2013, 310: 67-74.

[18] Senkal B F, Bicak N. Polymer supported iminodipropylene glycol functions for removal of boron[J]. Reactive & Functional Polymers, 2003, 55(1): 27-33.

[19] Bicak N, Gazi M, Senkal B F. Polymer supported amino bis-(cis-propan 2,3 diol) functions for removal of trace boron from water[J]. Reactive & Functional Polymers, 2005, 65(1-2): 143-148.

[20] 李小燕, 刘义保, 张卫民, 等. 层状双金属氧化物吸附溶液中硼的性能研究[J]. 功能材料, 2017, 48(2): 2020-2025.

[21] Delazare T, Ferreira L P, Ribeiro N F P, et al. Removal of boron from oilfield wastewater via adsorption with synthetic layered double hydroxides[J]. Journal of Environmental Science and Health Part A—Toxic/Hazardous Substances & Environmental Engineering, 2014, 49(8): 923-932.

[22] García-Soto M M D, Camacho E M. Boron removal by means of adsorption processes with magnesium oxide-modelization and mechanism[J]. Desalination, 2009, 249(2): 626-634.

[23] Celik Z C, Can B Z, Kocakerim M M. Boron removal from aqueous solutions by activated carbon impregnated with salicylic acid[J]. Journal of Hazardous Materials, 2008, 152(1): 415-422.

[24] Miyazaki Y, Matsuo H, Fujimori T, et al. Interaction of boric acid with salicyl derivatives as an anchor group of boron-selective adsorbents[J]. Polyhedron, 2008, 27(13): 2785-2790.

[25] Morisada S, Rin T, Ogata T, et al. Adsorption removal of boron in aqueous solutions by amine-

modified tannin gel[J]. Water Research, 2011, 45(13): 4028-4034.

[26] Ozturk N, Kavak D. Adsorption of boron from aqueous solutions using fly ash: Batch and column studies[J]. Journal of Hazardous Materials, 2005, 127(1-3): 81-88.

[27] Kavak D. Removal of boron from aqueous solutions by batch adsorption on calcined alunite using experimental design[J]. Journal of Hazardous Materials, 2009, 163(1): 308-314.

[28] Cengeloglu Y, Tor A, Arslan G, et al. Removal of boron from aqueous solution by using neutralized red mud[J]. Journal of Hazardous Materials, 2007, 142(1-2): 412-417.

[29] Polowczyk I, Ulatowska J, Kozlecki T, et al. Studies on removal of boron from aqueous solution by fly ash agglomerates[J]. Desalination, 2013, 310: 93-101.

[30] Kehal M, Reinert L, Duclaux L. Characterization and boron adsorption capacity of vermiculite modified by thermal shock or H_2O_2 reaction and/or sonication[J]. Applied Clay Science, 2010, 48(4): 561-568.

[31] Man H C, Chin W H, Zadeh M R, et al. Adsorption potential of unmodified rice husk for boron removal[J]. Bioresources, 2012, 7(3): 3810-3822.

[32] Kluczka J, Korolewicz T, Zolotajkin M, et al. A new adsorbent for boron removal from aqueous solutions[J]. Environmental Technology, 2013, 34(11): 1369-1376.

[33] 徐波. 碘过量对人体的危害[J]. 预防医学情报杂志, 2010, 26(8): 627-630.

[34] 王景刚, 冯丽娟, 相湛昌, 等. 碘提取方法的研究进展[J]. 无机盐工业, 2008, 40(11): 11-14.

[35] 罗静, 钟辉, 徐粉燕. 从卤水中提取碘的研究进展[J]. 内蒙古石油化工, 2007, 33(11): 3-5.

[36] 袁俊生, 纪志永, 陈建新, 等. 海水淡化副产浓海水的资源化利用[J]. 河北工业大学学报, 2013, 42(1): 29-35.

[37] Hou X L, Dahlgaard H, Rietz B, et al. Determination of chemical species of iodine in seawater by radiochemical neutron activation analysis combined with ion-exchange preseparation[J]. Analytical Chemistry, 1999, 71(14): 2745-2750.

[38] Hoskins J S, Karanfil T. Removal and sequestration of iodide using silver-impregnated activated carbon[J]. Environmental Science & Technology, 2002, 36(4): 784-789.

[39] Zhang H F, Gao X L, Guo T, et al. Adsorption of iodide ions on a calcium alginate-silver chloride composite adsorbent[J]. Colloids and Surfaces A: Physicochemical and Engineering Aspects, 2011, 386(1-3): 166-171.

[40] Lefèvre G, Walcarius A, Ehrhardt J J, et al. Sorption of iodide on cuprite (Cu_2O)[J]. Langmuir, 2000, 16(10): 4519-4527.

[41] Lefèvre G, Alnot M, Ehrhardt J J, et al. Uptake of iodide by a mixture of metallic copper and cupric compounds[J]. Environmental Science & Technology, 1999, 33(10): 1732-1737.

[42] 邓启民, 李茂良, 程作用. 铂炭交换剂用于硝酸溶液中碘的提取[J]. 核动力工程, 2008, 29(1): 70-72.

[43] 吴友吉, 金盈, 吴之传, 等. 阴离子交换纤维的制备及其对碘离子交换性能的影响[J]. 安徽化工, 2005, 31(4): 18-20.

[44] 张煜昌, 王娜, 那平. Ag/TiO_2复合材料的制备及其对碘离子的吸附研究[J]. 离子交换与吸附, 2013, (4): 296-305.

[45] Sun L, Zhang Y J, Ye X S, et al. Removal of I⁻ from aqueous solutions using a biomass

carbonaceous aerogel modified with KH-560[J]. ACS Sustainable Chemistry & Engineering, 2017, 5(9): 7700-7708.

[46] Hu Q H, Zhao P H, Moran J E, et al. Sorption and transport of iodine species in sediments from the savannah river and hanford sites[J]. Journal of Contaminant Hydrology, 2005, 78(3): 185-205.

[47] Nagata T, Fukushi K, Takahashi Y. Prediction of iodide adsorption on oxides by surface complexation modeling with spectroscopic confirmation[J]. Journal of Colloid and Interface Science, 2009, 332(2): 309-316.

[48] Szczepaniak W, Koscielna H. Specific adsorption of halogen anions on hydrous gamma-Al$_2$O$_3$[J]. Analytica Chimica Acta, 2002, 470(2): 263-276.

[49] MacLean L C W, Martinez R E, Fowle D A. Experimental studies of bacteria-iodide adsorption interactions[J]. Chemical Geology, 2004, 212(3-4): 229-238.

第7章 油及染料污染吸附

7.1 引 言

7.1.1 油污染与染料污染

石油及其产品的开发,使人类的生活质量显著提高,但由于它们复杂的碳氢化合物组成结构,而成为水体和土壤的一个重要污染源。原油的意外泄漏会对该地区水体或土壤整体质量造成严重的影响,相关研究证实许多石油勘探现场存在着重金属污染问题,抑制天然生物的生长。

染料是有色有机化合物,广泛应用于纺织、皮革、造纸、食品添加剂和化妆品等行业。染料一方面促进了社会经济的发展,另一方面也导致了严重的环境污染问题,如水污染等。大多数染料具有复杂的芳香结构,且在光照下稳定,不可降解。长期饮用含染料的水会导致基因突变,对肝脏、消化系统、人类的中枢神经造成直接而严重的损害。因此,必须在含染料的废水排放之前对其进行净化处理,已有技术包括絮凝、沉淀、光催化降解、生物氧化、离子交换、吸附和膜过滤。膜过滤法通过物理堵塞和化学吸附去除污染物的能力远超其他纯化方法,吸附在膜过滤中起着重要的作用,因此寻找高效、大容量的吸附材料尤为重要。

7.1.2 常用的吸附材料

目前广泛用来除油、除染料的吸附材料有活性炭、沸石、纤维素、天然高分子、农业废弃物、硅酸盐和黏土矿物等。

活性炭是一种黑色多孔的固体炭质,通常由煤通过粉碎、成型或用均匀的煤粒经炭化、活化生成。原材料不同,活性炭的种类也不同,其主要成分为碳,并含有少量氧、氢、硫、氮、氯等元素。活性炭的比表面积为 $500\sim1700m^2/g$,具有很强的吸附能力,是一种用途极广的工业吸附剂。

沸石具有吸附性、离子交换性、催化和耐酸耐热等性能,被广泛用作吸附剂、离子交换剂和催化剂,也可用于气体的干燥、净化和污水处理等方面。

纤维素是自然界中含量最丰富的天然高分子化合物。将未经处理或经简单处理的含纤维素的天然产品应用于油田、石化加工和印染等行业的污水处理,效果虽然不及改性纤维素出色,但由于原料易得、操作简单,仍具有一定的应用前景。

类似的还有将谷壳、纸屑、木屑和甘蔗渣等农作物进行改性得到的吸附剂。

　　天然高分子及其衍生物吸附剂具有来源丰富、无毒、可生物降解、制备工艺简单、成本较低等优点，由于其自身结构的多样性和分子内活性基团的可选择性较大，故宜采用不同的改性工艺制备结构多样、适用不同使用目的的高分子吸附剂。随着人们对吸附剂经济、高效等方面需求的提高，天然高分子的利用引起了环境工程界的广泛关注。我国天然高分子资源丰富，针对不同污染类型的废水，制备高效的天然高分子吸附剂，将成为天然高分子的一个重要研究方向。

　　黏土矿物具有比表面积大、孔隙率高、极性强等特点，对水中各种类型的污染物均具有良好的吸附性能，主要归因于细粒的硅酸盐矿物的净负电结构，这种负电荷会被带正电的物质中和。

7.2　油及染料吸附剂

7.2.1　油吸附剂

　　中国科学院宁波材料技术与工程研究所吴爱国研究组的汪竹青等[1]制备了一种生物质碳气凝胶吸附剂，用于油水分离。首先将莴笋削皮，切成适宜的大小，在高压釜中 180℃ 处理 10h，冷却至室温；然后用水和乙醇去除可溶性杂质，冷冻干燥得到碳气凝胶；最后用有机硅弹性基体在固化剂的作用下包覆改性，即得目标吸附剂。碳气凝胶吸附剂的制备过程和扫描电镜图如图 7.1 所示。

图 7.1　碳气凝胶吸附剂的制备过程和扫描电镜图[1]

　　碳气凝胶吸附剂具有环保、高效、成本低等特性，有着荷叶结构的效果，通常采用简单的一步水热法与温和的改性方法制备。该吸附剂可以快速、有效地从水面原位连续收集油，与传统吸附剂的不同之处在于它不依赖于吸附材料的量和体积。该吸附剂成功用于水面原油和水下有机溶剂的分离收集，吸附装置示意图如图 7.2 所示。该吸附剂可以用于有机溶剂的泄漏以及油罐和海上钻井平台的原油泄漏处理[1]。

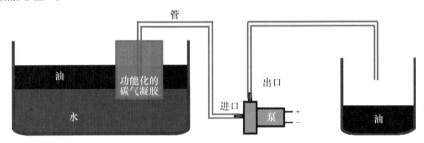

图 7.2　碳气凝胶吸附剂吸附装置示意图[1]

　　台湾大学 Chang 等将聚氨酯(PU-DW)海绵依次用聚乙烯亚胺(PEI)和氧化石墨烯(GO)一起反应制得 PEI/还原型氧化石墨烯(RGO)聚氨酯海绵，可用于去油[2]。组成 PEI/RGO PU-DW 海绵的 PEI/RGO 片材具有多孔结构，直径范围是 236～254nm。为了进一步提高其疏水性和对油的吸附能力，在该海绵表面涂覆 20% 的甲基三甲氧基硅烷(PTMOS)(图 7.3)，PTMOS/PEI/RGO PU-DW 海绵(书中简称

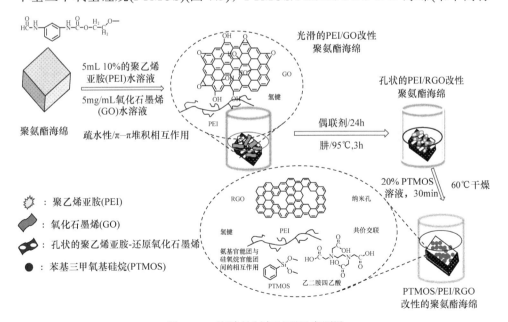

图 7.3　P 海绵的制备过程示意图[2]

P 海绵)能在 20s 内吸收各种油,包括自行车链条油和摩托车发动机油,最大吸附能力分别为 880% 和 840%,吸附过程如图 7.4 所示。吸收的油可以通过挤压或浸入乙烷的方式完全释放,P 海绵经流动系统能将油水混合物有效分离,具有吸收速率更快、可重复使用和成本低等优势。

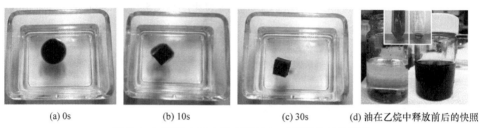

(a) 0s　　　　　(b) 10s　　　　　(c) 30s　　　(d) 油在乙烷中释放前后的快照

图 7.4　P 海绵去除自行车链油与时间的关系快照[2]

上海大学刘晓艳等用凤眼莲作为纤维素源,聚乙烯醇作为交联剂,通过简易又环保的过程制备了多孔率(99.56%)、低密度(0.0065g/cm³)的弹性纤维素基气凝胶[3],如图 7.5 所示。聚乙烯醇与纤维素之间的相互作用如图 7.6 所示。该气凝胶具有优异的油/溶剂吸附能力(60.33~152.21g/g)、超疏水性(水接触角为 156.7°)和可重复使用性。吸收的油可以通过简单的挤压快速回收,而不会对气凝胶结构造成很大的伤害(至少重复 16 次)。

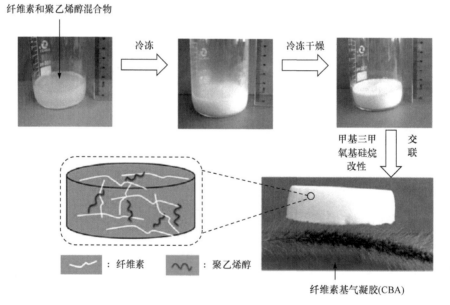

图 7.5　纤维素基气凝胶的制备过程示意图[3]

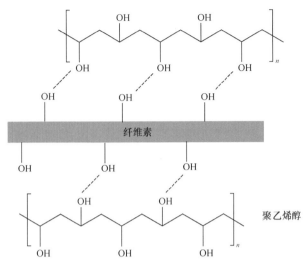

图 7.6 纤维素和 PVA 之间的氢键作用示意图[3]

重庆大学李凌杰等将商业海绵浸入含有 Fe_3O_4 磁性纳米粒子和低表面能化合物的溶液中，再通过超声处理，制备了具有高效油水分离能力的超疏水性海绵[4]，如图 7.7 所示。该海绵可以由磁力驱动到达污染水区域选择性地吸附油，对

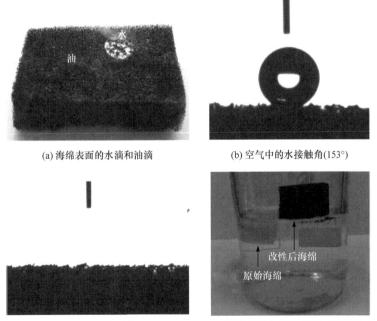

(a) 海绵表面的水滴和油滴

(b) 空气中的水接触角(153°)

(c) 空气中的油接触角(0°)

(d) 原始的海绵和改性后的海绵置于水中

图 7.7 超疏水性海绵的实物照片及接触角照片[4]

不同种类的油及有机溶剂吸附容量高达自身质量的 25～87 倍。另外,该海绵还表现了出色的可重复利用性(图 7.8)。

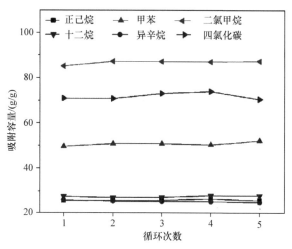

图 7.8　海绵吸附剂的循环使用性能[4]

苏州大学潘勤敏等改性市售的甲醛-三聚氰胺-亚硫酸氢钠共聚物泡沫(FMSF)制得硫醇和氨官能化油/溶剂吸附材料(图 7.9 和图 7.10),显著改善了原有材料的疏水性和亲油性[5]。改性的泡沫显示了优异的油水选择性,不损害其固有的三维多孔结构;显现出对发动机机油和氯仿超高的吸附能力(分别达到自身质量的 84 倍和 152 倍),以及优异的可重复利用性,在吸附和挤压 50 个循环之后仍保持良好的吸油能力。

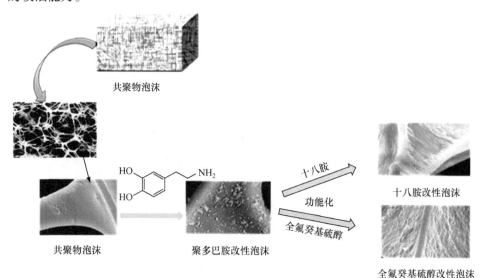

图 7.9　超疏水性泡沫制备过程示意图[5]

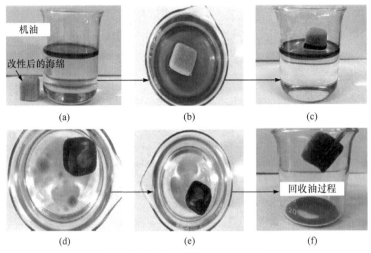

图 7.10　改性泡沫吸油的过程[5]

伊朗喀山大学 Beshkar 等[6]将聚氨酯海绵浸在秸秆烟灰和磁性纳米颗粒悬浮液中，制备了耐用且低成本的超疏水磁性聚氨酯海绵(图 7.11)，用于油水分离。为了增加表面疏水性，使用聚二甲基硅氧烷(PDMS)对海绵进行进一步改性，促进了海绵和油之间的界面相互作用，水接触角达到 154°(图 7.12)，显示了其优异的超疏水性。吸油量为海绵自身质量的 30 倍，且具有 30 次可循环使用以及磁分离的优势。

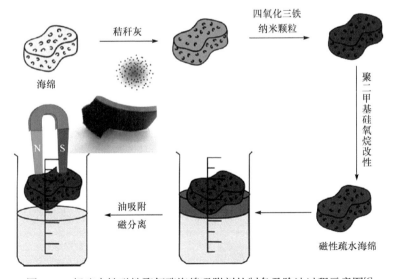

图 7.11　超疏水性磁性聚氨酯海绵吸附剂的制备及除油过程示意图[6]

土耳其盖布泽理工学院 Kizil 等[7]用甘油丙氧基化物聚合制备亲油疏水凝胶吸

附剂，制备过程中没有使用活化剂、引发剂或催化剂，吸附剂分子结构如图 7.13 所示。制备的凝胶吸附剂被用于各种有机溶剂和油的吸附，吸附过程如图 7.14 所示。该凝胶吸附剂能在 1h 内快速吸收水中的油和有机物，循环 10 次后，吸附率变化不大。

接触角：137°

pH=2

接触角：154°

pH=7

接触角：123°

pH=14

图 7.12　不同 pH 时海绵上水滴的形状及对应的水接触角[6]

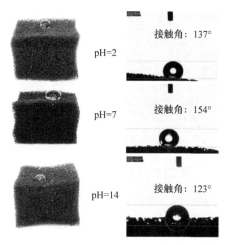

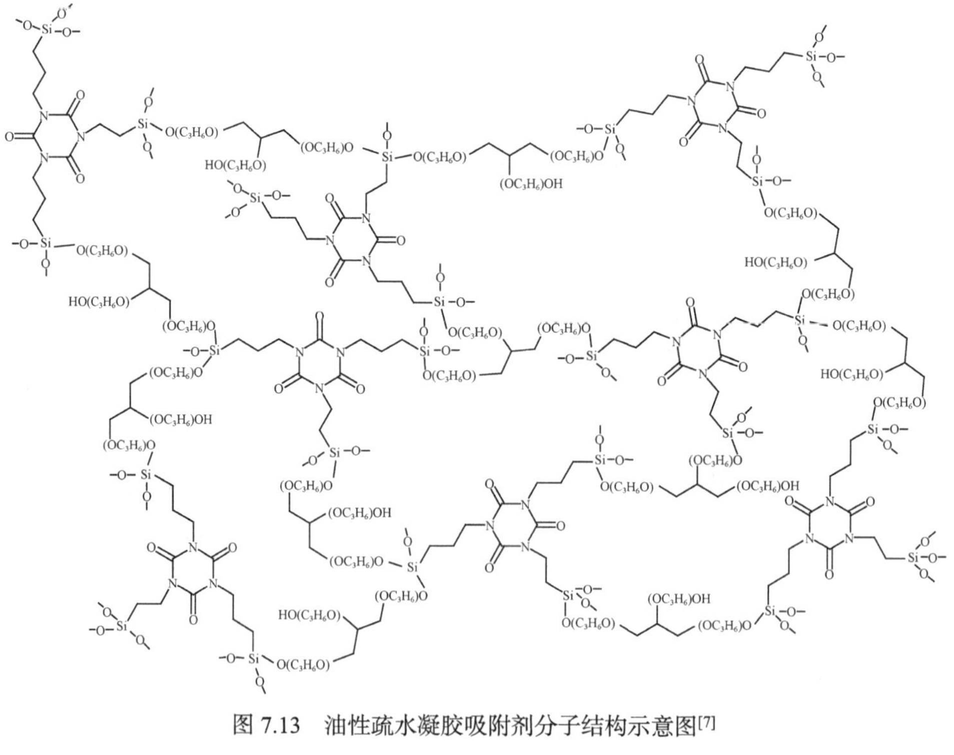

图 7.13　油性疏水凝胶吸附剂分子结构示意图[7]

图 7.14　油性疏水凝胶吸附剂对原油的吸附过程实物图[7]

　　埃及亚历山大大学 El-Din 等[8]使用香蕉皮作为原材料制备吸附剂,用于吸附水体中的原油,吸附剂的形貌如图 7.15 所示。在最佳条件下:颗粒尺寸为 0.3625mm,温度为 25℃,时间为 15min,用汽油、风化 1 天和 7 天的阿尔梅因原油测试该吸附剂的吸附性能,结果如图 7.16 所示。吸附汽油 20 次循环后吸附率变化不大,仍能保持最初吸附能力的 90%。吸附风化后的原油循环后吸附率变化较大,且风化时间越久,吸附率下降越快,风化 7 天的原油在第 10 次循环时吸附率已下降至最初的 50%。

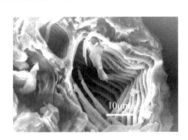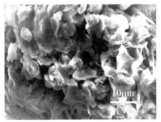

图 7.15　吸附剂的扫描电镜图[8]

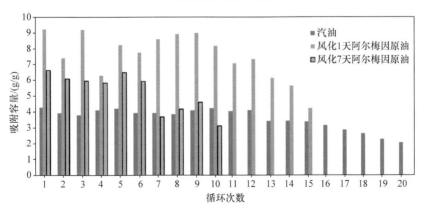

图 7.16　循环吸附汽油、风化 1 天和 7 天的阿尔梅因原油后的吸附效率[8]

　　华南理工大学皮丕辉等通过光引发巯基-烯点击化学制得超疏水三聚氰胺海绵[9]，制备过程如图 7.17 所示。该海绵表现了优异的疏水性，水接触角为 152.8°，对各种有机化合物的吸附容量达到自身质量的 72～160 倍，还可以选择性地从水中去除油。吸附挤压重复使用 16 次后，仍保持较高的吸附能力。研究者成功将该超疏水海绵用作过滤器，可有效分离油水混合物，如图 7.18 所示。

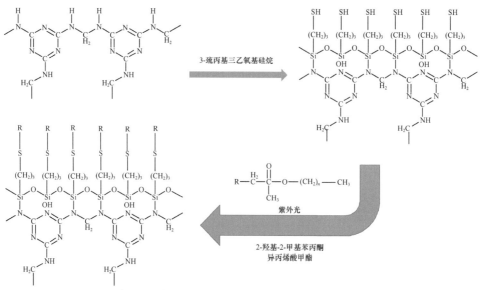

图 7.17　超疏水三聚氰胺海绵的制备过程示意图[9]

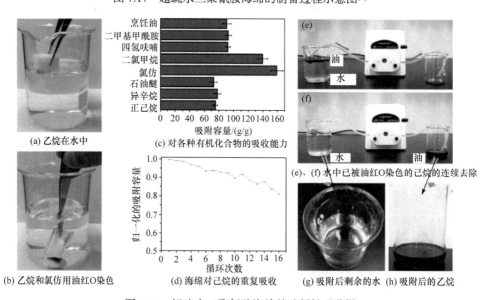

(a) 乙烷在水中

(c) 对各种有机化合物的吸收能力

(e)、(f) 水中已被油红O染色的己烷的连续去除

(b) 乙烷和氯仿用油红O染色

(d) 海绵对己烷的重复吸收

(g) 吸附后剩余的水　(h) 吸附后的乙烷

图 7.18　超疏水三聚氰胺海绵的选择性吸收[9]

　　台湾中兴大学 Lin 等[10]用合成的铜基金属有机框架材料 HKUST-1 对水中的油滴进行分离(图 7.19)。该吸附剂表现出极高的去油功能，比商业活性炭的吸附率高 6 倍。该吸附剂的吸附性能还可以通过添加盐类和表面活性剂进一步得到提升，通过乙醇洗涤能够再循环使用，五次循环后吸附容量保持恒定(图 7.20)。

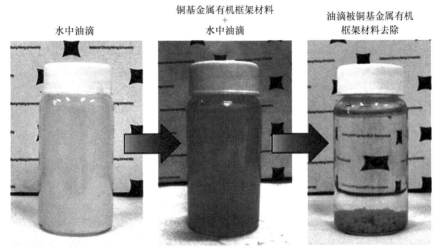

图 7.19　HKUST-1 去除水中油滴的过程[10]

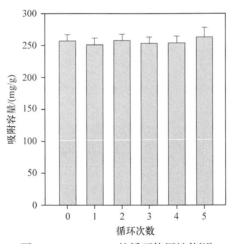

图 7.20　HKUST-1 的循环使用性能[10]

7.2.2　染料吸附剂

　　内蒙古大学陆青山等用介孔二氧化硅 SBA-15 作为硅源，通过水热合成制备了具有层状结构的微/纳米硅酸镁[11]，其形貌如图 7.21 所示。该物质具有良好的结晶度，有着高密度及粗糙的多孔表面。其表面积和孔体积分别是 411m²/g 和 0.45cm³/g。孔径分布和 SBA-15 接近，为 4.18nm。该材料表现出对亚甲基蓝的快速和高效吸附性能，吸附容量是 353mg/g。此外，吸附过程和吸附等温线分别与拟二级动力学和朗缪尔吸附模型吻合良好。

 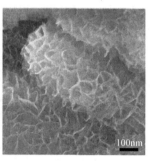

(a) 微米级 (b) 纳米级

图 7.21 微米级和纳米级硅酸镁的扫描电镜图[11]

阿尔及利亚特莱姆森大学 Belbachir 等[12]利用苏打膨润土对 Bezathren 蓝、绿、红三种染料进行吸附研究，三种染料的结构式如图 7.22 所示。研究结果表明，苏打膨润土能快速吸附该类染料(图 7.23)；苏打膨润土对蓝、绿、红三种染料的最大吸附容量分别是 35.08mg/g、32.88mg/g 和 48.52mg/g，吸附等温线及吸附动力学能很好地符合 Freundlich 模型和拟二级动力学模型。

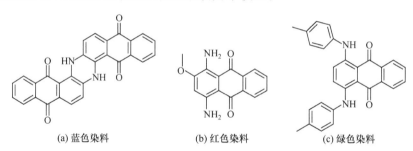

(a) 蓝色染料 (b) 红色染料 (c) 绿色染料

图 7.22 不同染料的结构式[12]

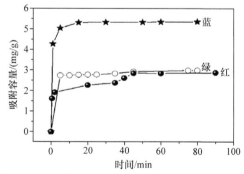

图 7.23 蓝、绿、红三种染料吸附随时间的变化[12]

　　江西师范大学余义开等将聚阳离子膜(PDMAC)涂覆在棉花上用于染料废水的纯化[13]。研究发现自然棉可以通过三乙醇胺预处理减少结晶空间,从而有利于阳离子试剂的有效接枝。聚阳离子涂层棉 G-棉和 PF-棉的制备过程如图 7.24 所示。相同条件下,G-棉吸附阴离子染料的能力为活性炭的 15.7 倍,而 PF-棉的吸附容量接近 G-棉,但吸附速率是 G-棉的 2.8 倍(图 7.25),且两种棉均可以重复利用。PF-棉具有非常广泛的应用范围,如吸附不同染料废水、作为过滤填料等。研究发现,PF-棉在吸附过程中出现了新的诱导效应,对加速吸附过程起着重要的作用。

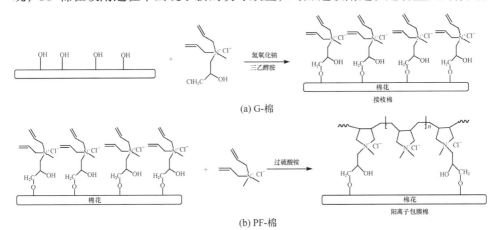

图 7.24　G-棉和 PF-棉的制备过程示意图[13]

图 7.25　PF-棉去除水中染料的实际应用[13]

　　伊朗国家基因工程和生物技术研究所 Morshedi 等[14]研究发现蛋白纳米纤维能够去除溶液中的染料,如图 7.26 所示。依赖于染料的结构和溶液的理化性质,升高温度或降低离子强度会诱导增强染料的去除效率。与木炭相比,纳米纤维去除染料的效率更高(图 7.27),可能是由于纳米纤维在水溶液中能够很好地分散。此外,脱色溶液在细胞培养时未检测到毒性。蛋白质纳米纤维具有易于生产、水中快速分散、无毒性副产物和衍生物等优点,是处理染料废水的良好选择。

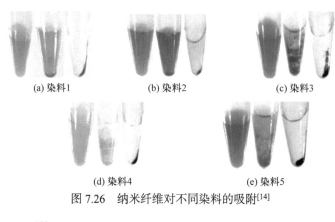

　　　(a) 染料1　　　　　(b) 染料2　　　　　(c) 染料3

　　　　　(d) 染料4　　　　　(e) 染料5

图 7.26　纳米纤维对不同染料的吸附[14]

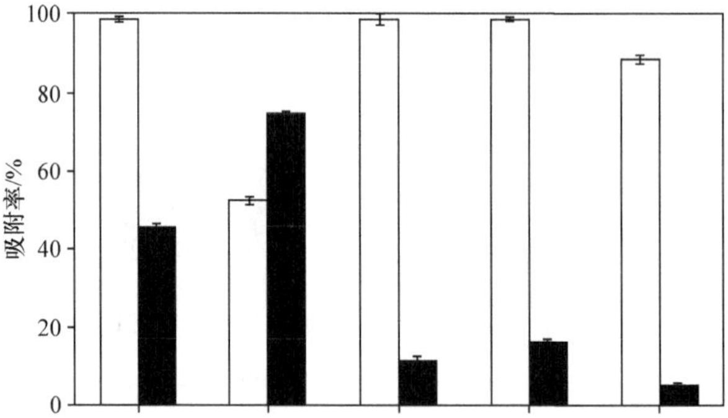

图 7.27　蛋白质纳米纤维(白)和木炭(黑)对五种染料的吸附率对比[14]

　　巴西圣玛丽亚联邦大学 Dotto 等[15]用离心纺丝技术(图 7.28)制备了壳聚糖/聚酰胺纳米纤维(图 7.29),用于水体中染料的选择性去除。该吸附是自发吸热过程,吸附等温线符合朗缪尔吸附模型,对染料 RB5 和 P4R 的最大吸附容量分别达到 456.9mg/g 和 502.4mg/g,解吸后循环使用 4 次仍具有相同的吸附能力。

　　伊朗喀山大学 Sodeifian 等[16]在乙二醇溶剂中利用微波照射制备了氧化铜/三氧化二铝复合材料(图 7.30)。为了得到最佳吸附效果,可将微波照射功率和煅烧温度分别设定为 900W 和 700℃，因为 700℃下可以得到形貌更好的三氧化二铝晶体，所以 900W 时具有最高的光催化能力。该复合材料在 100min 后可以吸附去除 90%的染料。

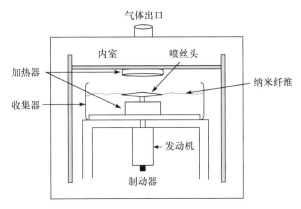

图 7.28　制备壳聚糖/聚酰胺纳米纤维的仪器内部结构示意图[15]

(a) 3000倍　　　　　　(b) 10000倍　　　　　　(c) 20000倍

图 7.29　壳聚糖/聚酰胺纳米纤维的扫描电镜图[15]

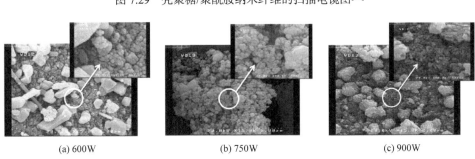

(a) 600W　　　　　　(b) 750W　　　　　　(c) 900W

图 7.30　不同微波功率下制备的吸附剂的扫描电镜图[16]

郑州大学韩润平等采用阳离子表面活性剂改性花生壳，用作吸附剂去除水溶液中的浅绿色染料[17](LG，阴离子染料，图 7.31)。研究表明，在中性或碱性 pH 溶液中同时存在氯化钠和氯化钙, 不利于 LG 染料的吸附去除(图 7.32)。伪一级反应动力学方程和 Elovich 方程可以描述吸附动力学, 朗缪尔吸附模型较好地吻合平衡数据, 最大吸附容量为(146.2±2.4)mg/g。热力学方程计算结果表明该吸附是自发放热过程, 使用过的吸附剂可用 0.01mol/L 的 NaOH 溶液再生使用。

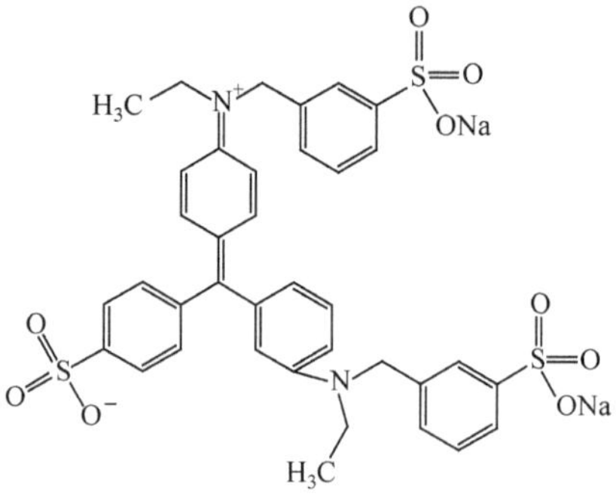

图 7.31   浅绿色染料(LG)的结构示意图[17]

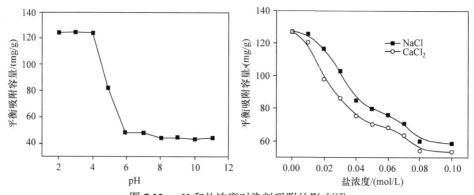

图 7.32   pH 和盐浓度对染料吸附的影响[17]

韩国庆尚大学 Kuppusamy 等[18]将美洲榆树枝干燥制成了能去除亚甲基蓝(MB)、吖啶橙(AO)、孔雀石绿(MG)三种阳离子和染料黑 T(EB)阴离子染料的吸附剂, 其扫描电镜图如图 7.33 所示。吸附剂在 pH 为 2~10 时能去除 77%~99%的阳离子和阴离子染料, 且吸附是吸热过程。该吸附剂 3h 可以达到吸附平衡, 对于 MB、AO、MG、EB 单层吸附的吸附容量分别为 119.05mg/g、126.8mg/g、116.28mg/g 和 94.34mg/g, 如图 7.34 所示。吸附去除染料的整体复杂机理被确认是吸附和凝聚的组合过程。研究者将该吸附剂成功应用于实际环境水样中染料的去除, 突显了其在废水处理中的潜在用途。

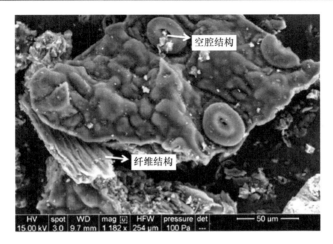

图 7.33 美洲榆树枝表面的扫描电镜图[18]

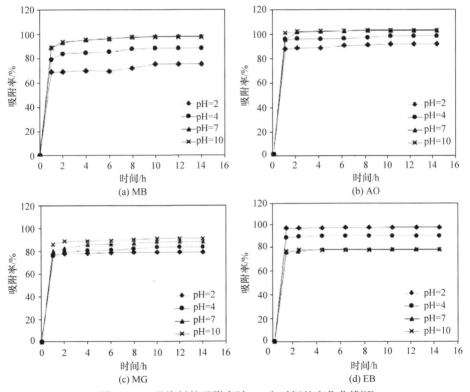

图 7.34 4 种染料的吸附率随 pH 和时间的变化曲线[18]

印度安得拉大学 Bandary 等[19]利用大肠杆菌去除亚甲基蓝和甲基橙，分别研究了碳源和氮源对其吸附性能的影响，如图 7.35 和图 7.36 所示。研究表明，与蔗糖、乳糖和淀粉等碳源相比，以葡萄糖为碳源所得大肠杆菌对亚甲基蓝的吸附脱色效率最高。与硝酸铵、氯化铵和尿素等氮源相比，以硫酸铵为氮源所得大肠杆菌对甲基橙的吸附脱色效率最高。

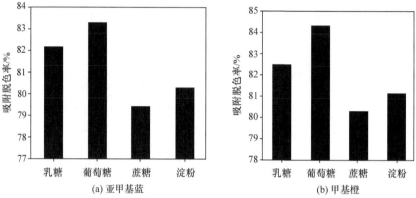

(a) 亚甲基蓝　　　　　　　　　　　　　(b) 甲基橙

图 7.35　不同碳源所得大肠杆菌清除亚甲基蓝及甲基橙的效率对比[19]

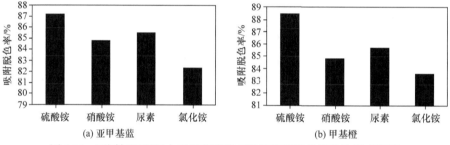

(a) 亚甲基蓝　　　　　　　　　　　　　(b) 甲基橙

图 7.36　不同氮源所得大肠杆菌清除亚甲基蓝及甲基橙的效率对比[19]

同济大学马杰等将氧化石墨烯溶液与海藻酸钠溶液按合适的比例混合搅拌，再滴入氯化钙溶液中得到单层网状气凝胶；将该气凝胶加入抗坏血酸溶液里，85℃水浴 12h，得到双层氧化石墨烯海藻酸钙网状珠体[20]，如图 7.37 所示。上述两种凝胶均可用来吸附亚甲基蓝。

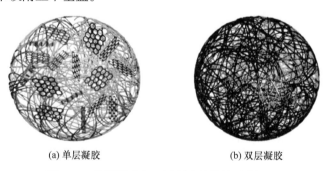

(a) 单层凝胶　　　　　　　　　　　　　(b) 双层凝胶

图 7.37　单层凝胶和双层凝胶的结构示意图[20]

单层网状凝胶对亚甲基蓝的最大吸附容量为 1.84g/g，双层网状凝胶对亚甲基蓝的最大吸附容量为 2.3g/g，两种凝胶在以海藻酸类为基的吸附材料中表现优异。两种凝胶的吸附能力随 pH 的升高而增强，单层凝胶在 pH 超过 10 以后吸附性能开始下降，双层凝胶在 pH 大于 12 以后吸附性能下降。随着循环使用次数的增加，吸附性能缓慢下降，循环使用性能良好，循环 10 次下降 2%(图 7.38)。该吸附剂的缺点是制备过程烦琐，不适于大批量生产[20]。

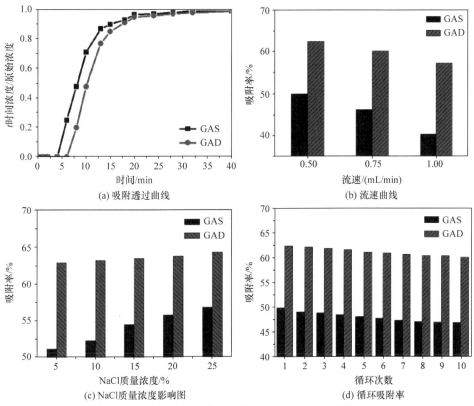

图 7.38　亚甲基蓝分别在两种凝胶上吸附的系列研究[20]

GAS：石墨烯/海藻酸单网络纳米复合微球；GAD：石墨烯/海藻酸双网络纳米复合微球

青岛大学李延辉等利用海藻酸钙膜吸附去除水溶液中的亚甲基蓝[21]。首先将海藻酸钠溶解至去离子水，静置 12h 去除气泡；然后在冰箱中冻结 12h，真空冷冻干燥获得海藻酸钠膜；最后将该膜浸泡在氯化钙溶液中用去离子水洗涤、干燥，制得海藻酸钙膜(图 7.39)。

研究发现，随温度的升高，海藻酸钙膜的吸附容量降低，表明海藻酸钙膜对亚甲基蓝的吸附是放热过程。该膜的吸附性能受 pH 影响非常大，pH 在 3.3～6.1

时吸附率增高,pH 较低时,氢离子的竞争吸附以及高分子上的羧基基团削弱了海藻酸钙膜与亚甲蓝分子的静电吸引力,从而吸附率降低;pH 从 6.1 增加到 10.1 时,随着羟基的增多,膜中的钙离子被释放出来,导致 pH 发生轻微变化,从而使去除染料的效率也发生轻微变化。该吸附剂最大理论吸附容量达到 3g/g 以上,循环使用 5 次以内吸附效果良好,如图 7.40 所示。

(a) 海藻酸钠膜　　　　　　　　　　(b) 海藻酸钙膜

图 7.39　两种膜的照片[21]

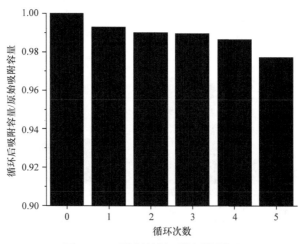

图 7.40　吸附剂的循环使用效果[21]

　　马来西亚理科大学 Hameed 等将氢氧化钠活化油棕榈灰水热处理后与壳聚糖造粒制备了棕灰沸石/壳聚糖交联珠粒复合材料吸附剂[22],其扫描电镜图如图 7.41 所示。将其用于亚甲基蓝(MB)和酸性蓝 29(AB29)的吸附,对这两种染料的吸附过程符合拟二级动力学和弗罗因德利希等温线模型,在 30℃、40℃、50℃时对 MB 和 AB29 染料的最大吸附容量分别为 151.51mg/g、169.49mg/g、199.20mg/g 和 212.76mg/g、238.09mg/g、270.27mg/g。对两种染料的吸附性能受 pH 的影响不同(图 7.42),在 pH 为 3~5 时对 AB29 的吸附性能较高,随 pH 的升高呈线性降加，pH 高于 13 以后保持稳定。

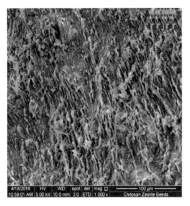 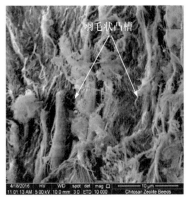

(a) 低倍　　　　　　　　　　　　　　　　(b) 高倍

图 7.41　扫描电镜下吸附剂的表面形貌[22]

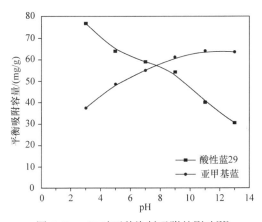

图 7.42　pH 对两种染料吸附的影响[22]

　　巴西布卢梅瑙地方大学 Barcellos 等用工业废弃物作为吸附剂，去除水溶液中的黑色染料[23]，两种染料的结构式如图 7.43 所示。在最佳条件下，24h 内吸附率为 95.7%，吸附结果与拟二阶动力学模型能够很好地吻合，相关系数高于 0.98。处理后的水可以在棉织物染色中重复使用。

　　印度理工学院 Samal 等[24]从一种水果的汁液中提取皂苷作为生物吸附剂，用来去除亚甲基蓝和曙红黄两种染料。皂苷胶束尺寸为 10～11.5nm，在水体系中皂

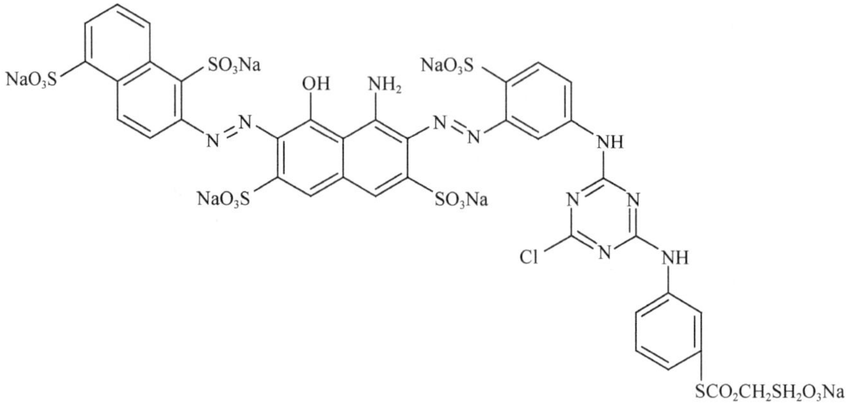

(a) 染料1

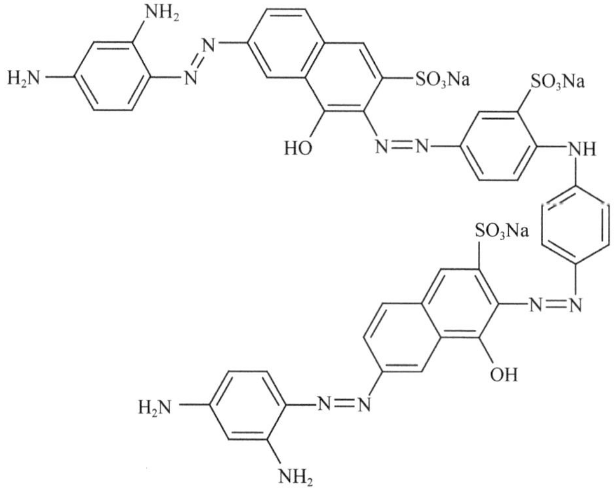

(b) 染料2

图 7.43　两种染料的结构式[23]

苷聚集变大，尺寸范围为 132～235nm、390～990nm、5155～8520nm。皂苷的不同结构式如图 7.44 所示。染料的增溶是皂苷胶束增溶以及皂苷团簇对染料吸附共同作用的结果。曙红黄的吸附容量随 pH 变化不大：pH 为 7 时，亚甲基蓝具有最大增溶作用，在低 pH 时存在 H^+ 的竞争吸附，在高 pH 时亚甲基蓝分子生成了氢氧化物络合物，因此溶解度降低(图 7.45)。

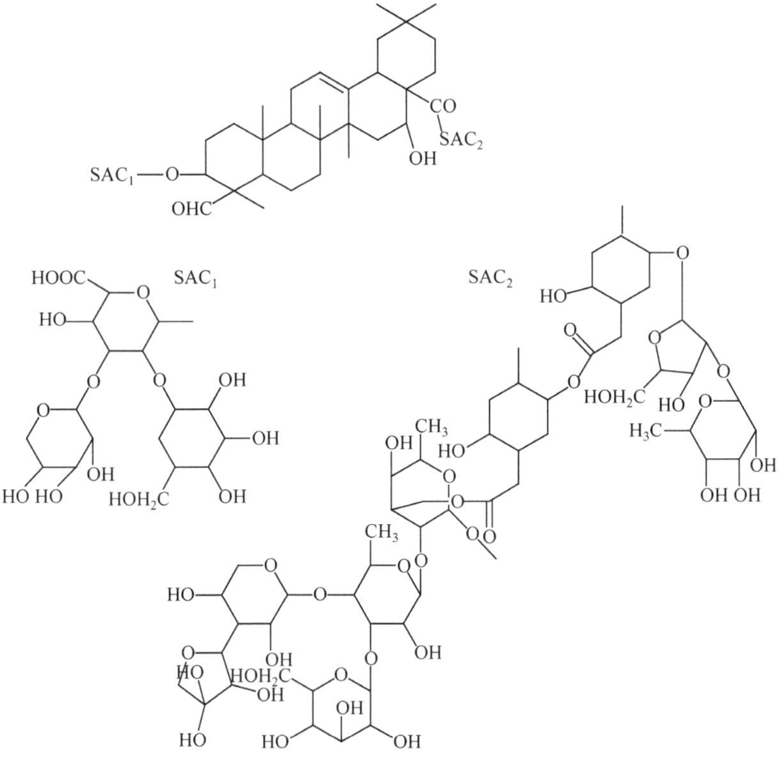

图 7.44 皂苷的不同结构式[24]

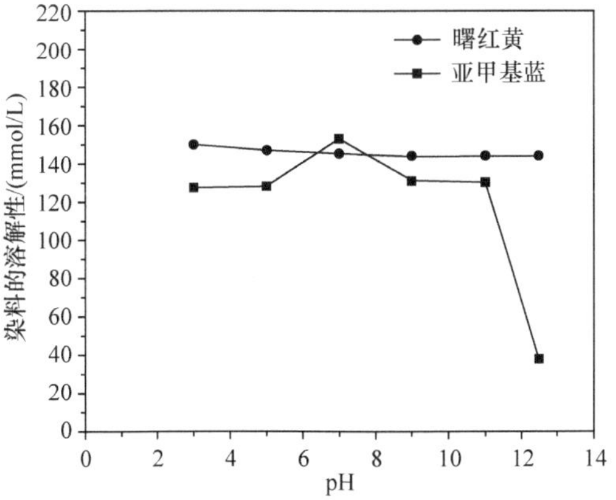

图 7.45 pH 对两种染料吸附率的影响[24]

7.2.3 既能实现油水分离又能吸附染料的吸附剂

西北师范大学李剑等[25]将核桃壳粉末集聚成膜，用于分离油水混合物并吸附有机染料，该技术避免了传统制造超疏水或水下超疏油过滤膜的复杂过程。利用其水下超疏油性和对油的低附着力，预润湿的核桃壳粉末层可用于重力驱动油水分离，并具有超高的分离效率(图 7.46)，还表现出对有机染料亚甲基蓝、罗丹明B、结晶紫优异的吸附性能(图 7.47)。此外，核桃壳粉末本身是农业残留物，用作吸附剂的同时也能减轻环境污染的压力。

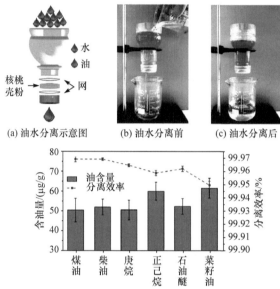

(a) 油水分离示意图　　(b) 油水分离前　　(c) 油水分离后

(d) 过滤膜对不同油水混合物的分离效率及分离后水中的含油量

图 7.46　油水分离示意图和相关结果[25]

(a) 吸附及油水分离前　　(b) 吸附及油水分离后

图 7.47　油水分离的同时吸附亚甲基蓝[25]

7.3　本 章 小 结

近年来，生物有机物改性吸附剂越来越多地见诸报道，这类吸附剂具有来源广、环境友好、价格低、吸附容量大等优点。使用嫁接、改性方法，通过修饰氨基、羧基、羟基、醛基等功能基团增大吸附容量即可应用，具有广阔的工业化前景。但经多次循环使用后，吸附剂的形貌和力学性能会发生变化，导致吸附容量降低。此外，在吸附过程中生物材料内的有机成分会释放到水中，导致二次污染。

为了提高吸附剂的吸附容量和吸附速率，研究人员利用纳米材料本身比表面积大、化学性质活泼的特点，将纳米颗粒或官能化的纳米材料用于吸附油类与染料等有机物。与传统吸附剂相比，其吸附容量和吸附速率显著提高，但纳米粒子尺寸小，给后续的固液分离等操作带来难度。

碳气凝胶具有比表面积大、多孔、柔韧性、导电性和密度变化范围广的特点，一直被用作各种吸附剂，近年来随着相关技术的不断发展与进步，原先制备周期长、工业复杂、原材料昂贵等问题已得到解决。结合生物材料，将其中的生物质作为碳源，稍作改性处理就可成为性能极佳的吸附剂。因此，其工业化应用前景极其广阔。

参 考 文 献

[1] Wang Z Q, Jin P X, Wang M, et al. Biomass-derived porous carbonaceous aerogel as sorbent for oil-spill remediation[J]. ACS Applied Materials & Interfaces, 2016, 8(48): 32862-32868.

[2] Periasamy A P, Wu W P, Ravindranath R, et al. Polymer/reduced graphene oxide functionalized sponges as superabsorbents for oil removal and recovery[J]. Marine Pollution Bulletin, 2017, 114(2): 888-895.

[3] Yin T T, Zhang X Y, Liu X Y, et al. Resource recovery of eichhornia crassipes as oil superabsorbent[J]. Marine Pollution Bulletin, 2017, 118(1-2): 267-274.

[4] Liu L, Lei J L, Li L J, et al. A facile method to fabricate the superhydrophobic magnetic sponge for oil-water separation[J]. Materials Letters, 2017, 195: 66-70.

[5] Oribayo O, Feng X S, Rempel G L, et al. Modification of formaldehyde-melamine-sodium bisulfite copolymer foam and its application as effective sorbents for clean up of oil spills[J]. Chemical Engineering Science, 2017, 160: 384-395.

[6] Beshkar F, Khojasteh H, Salavati-Niasari M. Recyclable magnetic superhydrophobic straw soot sponge for highly efficient oil/water separation[J]. Journal of Colloid and Interface Science, 2017, 497: 57-65.

[7] Kizil S, Sonmez H B. Oil loving hydrophobic gels made from glycerol propoxylate: Efficient and reusable sorbents for oil spill clean-up[J]. Journal of Environmental Management, 2017, 196: 330-339.

[8] El-Din G A, Amer A A, Malsh G, et al. Study on the use of banana peels for oil spill removal[J]. Alexandria Engineering Journal, 2018, 57(3): 2061-2068.

[9] Hou K, Jin Y, Chen J H, et al. Fabrication of superhydrophobic melamine sponges by thiol-ene click chemistry for oil removal[J]. Materials Letters, 2017, 202: 99-102.

[10] Lin K Y A, Yang H T, Petit C, et al. Removing oil droplets from water using a copper-based metal organic frameworks[J]. Chemical Engineering Journal, 2014, 249: 293-301.

[11] Zhang J J, Dang L Y, Zhang M C, et al. Micro/nanoscale magnesium silicate with hierarchical structure for removing dyes in water[J]. Materials Letters, 2017, 196: 194-197.

[12] Belbachir I, Makhoukhi B. Adsorption of bezathren dyes onto sodic bentonite from aqueous solutions[J]. Journal of the Taiwan Institute of Chemical Engineers, 2017, 75: 105-111.

[13] Jia Q, Song C L, Li H Y, et al. Construction of polycationic film coated cotton and new inductive effect to remove water-soluble dyes in water[J]. Materials & Design, 2017, 124: 1-15.

[14] Morshedi D, Mohammadi Z, Boojar M M A, et al. Using protein nanofibrils to remove azo dyes from aqueous solution by the coagulation process[J]. Colloids and Surfaces B—Biointerfaces, 2013, 112: 245-254.

[15] Dotto G L, Santos J M N, Tanabe E H, et al. Chitosan/polyamide nanofibers prepared by forcespinning technology: A new adsorbent to remove anionic dyes from aqueous solutions[J]. Journal of Cleaner Production, 2017, 144: 120-129.

[16] Sodeifian G, Behnood R. Application of microwave irradiation in preparation and characterization of CuO/Al2O3 nanocomposite for removing mb dye from aqueous solution[J]. Journal of Photochemistry and Photobiology A—Chemistry, 2017, 342: 25-34.

[17] Zhao B, Xiao W, Shang Y, et al. Adsorption of light green anionic dye using cationic surfactant-modified peanut husk in batch mode[J]. Arabian Journal of Chemistry, 2017, 10: S3595-S3602.

[18] Kuppusamy S, Thavamani P, Megharaj M, et al. Potential of melaleuca diosmifolia as a novel, non-conventional and low-cost coagulating adsorbent for removing both cationic and anionic dyes[J]. Journal of Industrial and Engineering Chemistry, 2016, 37: 198-207.

[19] Bandary B, Hussain Z, Kumar R. Effect of carbon and nitrogen sources on escherichia coli bacteria in removing dyes[J]. Materials Today: Proceedings, 2016, 3(10): 4023-4028.

[20] Zhuang Y, Yu F, Chen J, et al. Batch and column adsorption of methylene blue by graphene/alginate nanocomposite: Comparison of single-network and double-network hydrogels[J]. Journal of Environmental Chemical Engineering, 2016, 4(1): 147-156.

[21] Li Q, Li Y H, Ma X M, et al. Filtration and adsorption properties of porous calcium alginate membrane for methylene blue removal from water[J]. Chemical Engineering Journal, 2017, 316: 623-630.

[22] Khanday W A, Asif M, Hameed B H. Cross-linked beads of activated oil palm ash zeolite/chitosan composite as a bio-adsorbent for the removal of methylene blue and acid blue 29 dyes[J]. International Journal of Biological Macromolecules, 2017, 95: 895-902.

[23] Mittersteiner M, Schmitz F, Barcellos I O. Reuse of dye-colored water post-treated with industrial waste: Its adsorption kinetics and evaluation of method efficiency in cotton fabric dyeing[J]. Journal of Water Process Engineering, 2017, 17: 181-187.

[24] Samal K, Das C, Mohanty K. Eco-friendly biosurfactant saponin for the solubilization of cationic and anionic dyes in aqueous system[J]. Dyes and Pigments, 2017, 140: 100-108.

[25] Li J, Zhao Z H, Li D M, et al. Multifunctional walnut shell layer used for oil/water mixtures separation and dyes adsorption[J]. Applied Surface Science, 2017, 419: 869-874.